翻轉學

翻轉學

翻轉學

翻轉學

跟任何主管都能共事

嚴守職場分際，寵辱不驚，
掌握八大通則與主管「合作」，為自己的目標工作

DANCE with the BOSS

Wie Mitarbeiter ihre Chefs taktvoll führen

莫妮卡‧戴特斯Monica Deters／著　張淑惠／譯

目錄

真心推薦 11

前言　職場如舞台，你如何跟重要的舞伴共舞？ 13

第一幕：序曲——探索工作俱樂部

第一章　工作像跳舞：喜歡，就有趣！

1 檢視企業文化，找出適合自己的職場舞台 21

2 利用八二法則，愛上、改變或離開工作 31

3 樂在工作的關鍵：適才適所 55

4 進入心流境界，動力源源不絕 60

第二章　掌握主管風格，不再煩惱如何共事！

5 善用正向心理學，強化優勢 67

6 利用哈佛模式分析主管風格 74

7 六種風格，找出與主管的共事之道 78
8 自我約定，從工作找出屬於自己的意義 98

第二幕：跳吧——引導與跟隨

第三章 跳出和諧的工作節奏感

9 與其抱怨主管，不如引領他 105
10 劃清公私界線，捍衛發揮空間 117
11 人都會犯錯，從錯中學習才重要 123
12 「互補式領導」比「向上、向下管理」更好 126

第四章 與任何主管合作順暢的八通則

13 表現尊敬的基本態度 131
14 找出雙方共同的節奏 134
15 幫主管就是幫自己 135

目錄

16 適時分享意見與讚美 137
17 善用語言與非語言的溝通 141
18 勇敢表達自己合理的要求 145
19 就事論事，別隨之起舞 151
20 練習，練習，再練習 153

第三幕：支援——
主管落拍、跳錯，怎麼協助？

第五章 七大領域支援主管，幫自己
21 協助不同風格的主管，有不同做法 159
22 如何不讓主管的人格特質礙事？ 166
23 關於合作與團隊，如何協助主管？ 191
24 日常工作常見的狀況 200

25 如何面對各種賞罰問題？ 223
26 當主管侵犯個人空間時，怎麼辦？ 242
27 如果主管犯了工作禁忌…… 251

第四幕：放手——如何優雅退場？

第六章 如有必要，就換舞伴！

28 離職前，先思考現狀能否改變 267
29 保持彈性，才能好好放手 270
30 曲終最重要的兩件事：感謝與原諒 276

終幕 保護自己，別受引誘 279

致謝 282

真心推薦

「我們對於領導者總有著極高的期待：他要有自我主張，又要能包容夥伴不同的聲音；他要懂得尊重專業，遇到問題時，又得提出我們想不到的解答；他要合理的授權、交辦，同時要將所有的責任一肩扛起。

有時我在想，人們要的根本不是領導者，而是追求那不存在的神人。

其實主管跟我們一樣。回想剛進到一間公司時，誰不是期待有人帶、有人教，能夠有時間學會如何做好工作、如何融入團隊。主管跟我們一樣，期待可以找到一份領導SOP，只要照做就絕不犯錯，只要做了就能夠成為優異的主管。可惜的是，他們往往都沒機會得到完善的培育，競爭市場從未給他們足夠的時間成長。而期盼的絕世武功也從來就不曾存在過，讀了再多的書，沒人在旁引領，領導力便仍像謎題，怎麼做都不對。

與其抱怨他們，不如學著與他們共舞，一同合作完成一首首美妙的曲目，一起發展曼妙的舞姿。當你願意試著與他們共舞，你的工作將變得更富有成就感，而你也將有機會先一步一窺探領導力的真實樣貌。」

——方植永，知名企業培訓講師與顧問

「你不必喜歡你的主管、更無須討厭他，讓他成為你達成工作目標的重要資源，你必須善用他，與他和平共事。」

——謝文憲，知名講師、作家、主持人

前言
職場如舞台，你如何跟重要的舞伴共舞？

我改變了自己的生活：如今洋芋片放在我的左邊！

你曾經因為工作暴跳如雷嗎？當感覺受到上司不公平對待時，你有過那種忿忿不平又無能為力的感覺嗎？過去曾經有段時間，我認真地思考過，乾脆辭職算了，不要再奮戰了，無條件地接受一切吧！就像電影《BJ單身日記》（*Bridget Jones's Diary*）裡的布莉琪．瓊斯垂頭喪氣地坐在沙發上，深深陷入自憐自艾的情緒當中。這麼說好了，在經過兩次裁員和生命中各種「仁慈」的眷顧之後，我也坐在這樣的一張沙發上。有段時間，我甚至覺得這沙發還滿舒服的……。

直到有天晚上，電視裡播放的一首歌引起了我的注意。那天我像往常一樣，手裡拿著一包洋芋片和一杯蘋果汁舒服地坐在客廳，雙腿大刺刺地擱在沙發前的茶几上，筆電就擺在大腿上，打算潛入網路世界來打發時間。但突然間，我卻不由自主地緊盯著電視。對於眼前看到的影像，我竟說不出個所以然來。

電視螢幕上有位歌手，手裡拿著麥克風，在成千上萬的觀眾面前正經地唱著歌，這畫面久久讓我無法自已。那是美國搖滾歌手布魯斯・史普林斯汀（Bruce Springsteen），我雖然認得這位歌手，但所知有限，也不是他的歌迷（至少當時還不是）。這段表演最吸引我的是：他雖然長得很帥（我個人認為），但眼前是我看過最醜的畫面，因為他站在舞台上，五顏六色的燈光從下方往他身上打，然而他渾然忘我地沉浸在表演內容和歌曲的情緒中。當時他正在表演自己創作的歌〈躍升〉（*The Rising*）為大家加油打氣，這是在九一一事件後，為紐約及所有因世貿中心恐怖攻擊事件飽受驚嚇的人們所寫的歌。頓時我感動莫名，在此我感受到外表都是其次，唯一重要的是內容、靈魂和深深的熱情。

不知不覺中我跪在電視前，這樣的震撼經驗以前不曾有過，但此刻我明白到一件事：我的人生要繼續往前走，還要走得比過去更好！於是，自我懷疑不見了，煩惱沒有了，數月甚至多年來的低潮和挫折瞬間一掃而空。布魯斯・史普林斯汀的這首歌成功激勵了我的鬥志，重新點燃我心裡那把幾乎已經熄滅了的火。這一刻，我（的內在）重新站了起來，為了我自己，也為了其他人，希望能創造更美好的生活和工作條件。基於這個原因，我寫了這本書，期望藉此能讓各位內心的火更熾熱地重新燃起，以更多的自決和自我負責的態度，開創快樂的人生。

這場表演為什麼讓我這麼感動？因為綽號「The Boss」的布魯斯．史普林斯汀重新喚醒了我的熱情。他的表演讓我明白，生命中還有很多其他事物，而不只是每天去做無法滿足自己的工作、不喜歡的工作、無法發揮自我潛能和天分的工作。布魯斯．史普林斯汀在我面前放了一面鏡子，而我在鏡中重新看見自己。

現在我不僅是布魯斯．史普林斯汀的歌迷，廣義來說，他當時拯救了我的人生！我很感激他讓我找到成為訓練師、教練和講師的人生方向。從那天在我家客廳的那一刻起，我每天都為著自己的夢想努力，而我的夢想就是成為能給予他人力量的人。這是真的，完全沒有誇大其詞。

現在，重點來了，在我處於人生最谷底卻幸運被鼓舞的七年後，這位國際巨星在德國門興格拉德巴赫（Mönchengladbach）的個人演唱會上，竟從將近四萬名觀眾中將我拉上了舞台，伴著〈在黑暗中跳舞〉（*Dancing in the Dark*）的樂聲與我共舞！這實在不可思議！對我來說，彷彿他也想告訴全世界：「大家看，這位女士她辦到了！成功地從悲慘的沙發走出來，她做得到，你們也可以！」太神奇了，但他其實什麼也不知道！恰巧這首歌也是形容這樣的情境，人生有時就是會發生小奇蹟……。

經過這次與The Boss在舞台上的獨特體驗後，我產生了新的想法：那些能像布魯斯．史普林斯汀那樣，重新點燃我內在那把火，並激勵、喚醒我心中那股力量，讓我走出「自憐」深淵的眾多The Boss（上司）們究竟身在何方？真正的領導者難道做不到嗎？誰不希望能遇到一位表裡如一、能自信領導員工、成為員工榜樣的偉大領導者？他們會以身作則，讓團隊了解工作也可以有樂趣，並從中獲得深層的成就感。如果上司自己都無法體現這個期望，員工又如何能幫得了他？這是最關鍵的一點，也是我個人的轉折點。

但本書的重點不是上司，也不是我，主角是各位讀者，以及你們如何離開布莉琪．瓊斯的悲慘沙發，重新掌握自己命運的過程。如果你擁有祕密夢想，內心渴望自己的作為更有意義，並希望面對一切能更有自決的勇氣，展現更多主動性，那麼本書是你正確的選擇。

如果你也想和我一樣，知道如何與上司共舞，現在我誠摯邀你加入，跟著我們一起共舞吧！

第1幕

序曲——探索工作俱樂部

第一章

工作像跳舞：喜歡，就有趣！

老闆問iPhone：「Siri，你覺得我是好老闆嗎？」

Siri：「我為你找到方圓兩公里內有六個相關研討課程！」

這是跳舞

你平均多久跳舞一次?我必須老實說,自己過去好幾年很少有機會跳舞。年輕時我常跳舞,但隨著年齡增長,次數愈來愈少。以前常羨慕那些還湊得出時間跳舞、不曾失去熱情的人。但這幾年情況變了:我突然多了很多跳舞的機會。

跳舞最主要的目的應該是「快樂」!但如果你不喜歡舞場的音樂或共舞的對象——或是兩者都不合你意,那麼理所當然地,快樂也會有限。不行,我們一定要找到兩者皆合己意的俱樂部,不然跳舞就沒意義了。

這是工作

你滿意自己的工作環境嗎?你滿意的條件是什麼?如果隨著時間過去,經過各種主管輪換、公司改組措施或其他改變以後,工作環境徹底改變了,請靜下心來仔細思考,你是否還喜歡自己工作的這個「俱樂部」,或是想另謀高就?畢竟能讓你喜歡的工作多得是。不過其實也不一定要立刻換工作,有時只需稍稍根據需求來調整環境就夠了。只有你可以決定你自己的「快樂指數」,我們稱為「自決」。

1 檢視企業文化，找出適合自己的職場舞台

關於這一點，老實說我以前比較被動。幫誰工作或是做什麼，基本上都無所謂，重點是工作還可以，而同事們也對我不錯，這樣就足夠了。如果二十年前有人問我：「妳喜歡為誰工作？」我應該只會不解地搖搖頭。工作無關個人滿意與否——至少當時我是這麼認為，因為從小就是這樣被教育長大，認為有工作就要偷笑了！不應該要求那麼多……然而，只有在一切條件都符合時，我們才能感受到跳舞的真正樂趣：美妙的音樂、迷人的氛圍、熱情的邀約、親切的舞伴。套用到工作上，則是舒適的企業和領導文化、良好的工作氣氛、親切的老闆。

企業文化主要源自於公司創始者的價值系統，有時也能藉由企業管理諮詢公司來形塑。最好要有全體員工的參與，才能讓企業文化和公司重視的價值深植在日常工作中。雖然理論和實務間往往存在著很大的落差，但這樣做的優點在於：讓所有員工都了解並認同企業的價值系統，這是個重要的激勵因素，同時也能讓員工對企業行為更

敏感。

公司能不能成為你的潛在新舞場，企業文化是首先要觀察的線索。想了解企業價值有很多方法，同樣地，你也可以檢視自己目前的舞伴，思考公司理念是否有被落實，或只是虛有其表。為了避免失望甚至遭受打擊，有很多方法能事先徹底（或至少盡可能完整）地檢視公司的文化。首先你必須主動出擊，而且必須做點功課。例如：你可以在面試時提出某些重要的問題：「請問您如何營造良好的公司氛圍？」「如何形容您的企業文化？」「公司的階級制度是否扁平化？」「公司會廣納員工的創意嗎？」從對方的回應中，可以知道這間公司是否重視與員工的合作。不要害怕提出這些問題，它們只會顯示你對這間公司的重視，以及你真的對這份工作很有興趣。

除此之外，你也應該秉持偵探精神。現在有太多方法能蒐集到一間公司的資訊。首先可以從傳統的網路搜尋開始，google一下這間公司，基本上就能找到很多相關資訊。或許這間公司也使用社群媒體工具，例如：臉書或推特。如果能在人力社群網站找到為這間公司工作的聯絡人，他們的意見更重要，何不主動跟他們聯絡一下？此外，你還可以善用其他研究方式，例如：瀏覽這間公司的網頁、看看他們的財報（或至少稍微翻閱一下）、查看企業評比網站、參與該公司的公開活動（像是開放日）……愈了解這間公司，對這間公司的想法也就愈明確。你也能在朋友圈裡問問其他人對這間公司的看法，因為世界往往比我們想得還小！當你蒐集完所有資訊後，就能夠下決定了。但不要忘了：即使這些資訊非常有用、多麼有邏輯，最後還是要交給你的「直覺」來決定——它通常比你的腦袋還聰明！

當然，你也可能已在一間公司工作了一段時間，突然發現公司情況並不如一開始那麼美好，或是企業文化逐漸惡化等。你突然意識到有愈來愈多自己不喜歡的警訊：老闆從合作型團隊領導搖身一變，成了滿口酸言酸語的暴君；同事變成了愚蠢的蠢狗；產品出現瑕疵，問題一大堆。糟糕，該怎麼辦？只有你自己可以決定是否要忍受這一切。你可以問自己：「對於這些情況，我能改變什麼？我有影響力嗎？我能順利改變公司氛圍，又不用身先士卒嗎？」

改變企業結構或文化是不可能的，因為在此之前，你必須爬到董事會主席的職位，但就連主席也要看股東的臉色。所以如果你留在這個環境裡，也只能思考如何因應眼下的情況。你撐得下去嗎？如果可以，那就留下來。但千萬謹記一點：別屈就！世界上一定還有其他能讓你喜歡的公司。別害怕換工作！在現今的社會，換工作有如家常便飯。

求職時，你也可以聰明提問「面試老闆」

我們在許多方面都比選老闆來得挑剔，像是選購大型物品或較大金額的支出，就以買新車或度假旅行為例，我們通常會很仔細地規劃、比價、上網搜尋、到各個論壇查看評價、詢問親朋好友的經驗……會這樣做是因為不想出錯，畢竟汽車要用好長一段時間，所以必須符合要求才行。我們也不希望度假旅行最後是混亂收場，否則身心都得不到放鬆，因此總會很積極、竭盡所能地蒐集相關資訊。

但為什麼在選老闆這件事上，我們卻這麼被動？你可能會說：「因為我們沒有其他選擇。」「因為我們有求於人。」「因為職場上僧多粥少。」這些都沒錯，現在想要找到一份好工作並不容易，不能說沒有求職的壓力。人事部門會把你徹頭徹尾地盤問一番，這很理所當然，因為未來的雇主也想知道，即將與他共舞的舞伴究竟是何許人也。不過我認為，求職者也應該盡最大可能去測試未來的老闆。

所以，我呼籲要「面試老闆」，面試時可以提出問題：「您偏好哪種領導風格？您有哪些優缺點？您五年後的目標為何？」我認為這樣才算公平！從面試時就要睜大眼睛，即使到該公司任職後也不能鬆懈，得仔細檢視你和這位新舞伴是不是真的合拍，彼此的合作是否有未來。因此你要聰明地善用面試的提問時間，但千萬別太莽撞或太具攻擊性，否則對方可能不會僱用你。你應該展現出積極的態度和好奇心！

如果你不確定面試時該提哪些問題，可以思考一下這些問題：

- 你曾遇過很優秀的領導者嗎？他們具備哪些特性？
- 你喜歡現在老闆的哪些地方？為什麼？不喜歡老闆的哪些地方？
- 如果能再選擇一次，你還會選他當你的老闆嗎？為什麼？
- 如果說出來不會有任何不良後果，你最想跟現在的老闆說什麼？

如果你目前正在（或必須）積極尋找新工作，抑或是考慮在不久的將來轉換工作，後面這些問題可協助你找到潛在的新舞伴和舞台：

- 你不滿意目前工作的哪些地方？對於新雇主有哪些禁忌？
- 到目前為止的所有工作中，你最喜歡哪一份工作？為什麼？
- 你有哪些優勢、興趣和天分？在什麼產業或企業最能發揮這些優勢、興趣和天分？不妨問問看朋友的想法！

- 你喜歡什麼？你對什麼最感興趣？
- 你最重視哪些價值？
- 若讓你繼承一‧七五億元的遺產，前提是必須繼續工作（無論是受僱於他人或創業），你最想做什麼？
- 「生命之輪」（請參考第二十七至二十八頁的圖一和圖二）提供其他的重要資訊，能讓你了解在哪個位置或哪間企業最能發揮你的優點。

「我只是想把工作做完。」我常聽到客戶這麼說，但這頂多只能算是進行大腸鏡檢查的態度，不該是我們對工作的態度。畢竟一天大部分的時間都在工作場所度過，所以必須「舒服」至上！然而，德國有三分之一的員工不滿意他們的老闆，看來這些主管可能缺乏領導力，沒有鼓舞人心的能力、信譽或特質。這一現象從Intersearch Executive Consultants、Online-Stellenbörse Monster及Information Factory等顧問公司的問卷調查結果，就可以略知一二。①有將近一半（四七％）的德國企業員工曾因為主管因素離職，二〇％的人表示曾有過這樣的念頭。②多數受訪者認為自己更能勝任老闆的工作，許多人感覺承受老闆很大的壓力和控制。有趣的是，三分之二的管理人員自認很能鼓舞和啟發員工，卻只有三分之一的員工這麼認為。

工作期待與現實差很多，你可以這樣做……

工作態度積極的員工願意參與、發揮自己的潛能、勇於接受挑戰、為完成任務竭盡全力，但他們在做事前也會動腦思考！他們感覺有安全感、被接受。反之，缺乏動力、不信任及過度控制則會降低生產力、增加錯誤率與員工病假比例，也是造成員工流動率高的原因，這並不符合公司的利益。

毫無疑問，公司內部經過驗證且運作順暢的流程必須重新逐一探討，並且隨時歡

①作者注：《德國經濟週刊》（*Wirtschaftswoche*），二〇一三年第四十八期。

②作者注：https://www.wiwo.de/erfolg/jobsuche/kuendigungsgrund-deutsche-chefs-vergraulen-mitarbeiter/8990368.html。

迎創新的想法，這樣才能讓員工更有參與感、看見自己的才能並發揮潛力。透過這種方式能讓員工產生熱情，並能樂在工作。

怎麼做最能激勵員工的工作動力？從回答這問題的答案中，不難發現受試者本身所重視的價值。有人覺得是保持對工作的熱忱，有人則認為需要良好的激勵系統，還有另一批人的看法是：員工根本無法被激勵。③答案看起來琳瑯滿目，那就直接問問第一手資訊——我的研討會學員。這當然不是具代表性的問卷調查，但應該稍微能呈現出員工的真實想法。我提的問題是：「你對自己的老闆有何期待？」學員們希望工作時能感到更有安全感和自在感，即使偶爾犯錯，也不想立刻被罵得「體無完膚」；他們希望與老闆和公司部門間有良好的溝通管道與熱烈的資訊交流；他們希望不同層級間應該開誠布公並彼此支援；他們希望能更有參與感，發揮自己的潛能，並且能更獨立地工作；他們想要跳脫思考框架，有更多透明化、開放和信任的氛圍；他們希望有家庭友好的工作條件、進修和學習的可能性及安全感；他們希望能繼續學習，得到有建設性的回饋，進而能樂在工作。

看起來員工們的期待還真多。不過其中有兩個層面特別明顯：員工希望被需要，並期待能完全信任主管！只是現實生活並非許願池，大多數公司裡的現實往往與我們的期待大相逕庭：上頭一聲令下指派工作不需任何理由、缺乏信任感和溝通管道、不允許犯錯、過度控制……。

然而，只要涉及「激發員工士氣」這主題，公司肯定馬上會安排相關研討會。我自己就曾參與過一些團隊潛能開發的課程，例如：自己設計竹筏、在營火晚會上玩著有趣的遊戲、夜遊、與同事及主管一起下廚……我必須承認自己是很喜歡這類活動，但並非所有人都好此道，也不是每位員工都需要那麼澎湃的激勵計畫。對某些人而言，只要有份工作，能定期拿到讓一家衣食無虞的薪水，如此就足夠了，其實這種想法也無可厚非。

但是想要改變的人，應該要有接受挑戰的機會。若不可行，沒有妥協或提升的話，表示他必須另尋其他可能性，新舞伴有可能帶來更好的條件和更高的滿意度，例如：對自己能力的認同感、更誘人的薪水、更好的同事、更多自我投入的機會……。

是的，你也可以對自己的老闆和公司提出要求，例如：讓你參與主題式計畫、讓

③ 作者注：*ManagerSeminare*，197 版，二〇一四年八月號。

你能積極參與和協助、讓你承擔更多責任、讓你發揮自身優勢和潛能。把員工當人對待則是最基本的原則。再來就是企業端，公司是否真的願意把你從「共事」轉而視為「共同經營」。目前十分確定的是，權威時代已經過去，員工應該得到滿足和重視，如果不能重視員工寶貴的潛能，讓他們盡情發揮，將是公司的損失！有哪間公司能接受失去工作動力、內心早就否決掉公司的員工呢？

2｜利用八二法則，愛上、改變或離開工作

誰說工作無法帶來快樂、實現自我？老實說，我也是花了好長的時間才理解，我必須對自己的滿意度負責。「改變我的現況」是自己的責任，你也是。不要等待任何訊號，放手去做就對了！你可以學習樂在工作，正面影響自己的工作態度。

摸著良心老實說，目前這份工作真的讓你很不快樂嗎？或者其實還可以？什麼很好？什麼可以更好？你自己可以如何改變？可以嘗試哪些改變？沒有人可以一〇〇%快樂——這也不是我們的目的。然而，緊抓著每個小細節，直到滿腔怒火地大喊：「我不幹了！」或是悶不吭聲地生悶氣，這些都不是解決之道。你可以採取八〇／二〇法則：如果有八〇%是好的，你能忍受那不足的二〇%嗎？你可以承受多少代價？如果負面達四〇%或是更高，你還要繼續忍氣吞聲嗎？你的極限在哪裡？你必須自己找出答案。可以根據「愛上、改變或離開」這原則來分析你目前的情況。

若覺得現況還可以，那就繼續共舞；但如果發現自己只是一直在轉圈圈，而且愈

來愈難受，或許就是退出舞台的時機。如果無法有任何改變，也許你該勇敢承擔更換舞伴的後果，否則到時倒下的會是你，從此陷入自怨自艾的埋怨沙發裡，扮演起犧牲者的角色。一旦坐上那張沙發，要再起身就難上加難了。

繪製生命之輪，思考你工作最重要的八元素

繼續下去是「你」還是「工作」會先完蛋？這是個值得深思的好問題。你對目前的工作和現況滿意度如何？不妨利用「生命之輪」來找出答案。方法很簡單，生命之輪共有八個車輻，能針對特定問題，例如：「我的職場生活過得如何？」以生命之輪快速了解自己的情況。從圖一中可以看到一些可能的標準：領導能力、同事、自我定位……但這些只是建議，你當然可以填入其他概念，例如：工作量、薪水、價值感、執行能力、政策方針、抗壓性、處理衝突的能力、樂趣、成功、意義、工作與生活平衡、獨立性和認同感……發揮創意把自己重視的要素全都試試看，就能初步了解你對特定情況的滿意程度。

首先，找出你認為在工作和職場中最重要的八個要素，並將它們填入生命之輪中。接下來，思考你目前對這些領域的滿意程度，並予以評分（從一至五分，一是非常不滿意，五是非常滿意）。針對每一點都要提出這問題：「我現在對於這要素的滿度程度如何？」然後不要思考太久，在生命之輪上設下相對應的交叉線。舉例來說，實際情況可能如下方的圖一。

圖一　利用生命之輪確認目前工作的滿意度

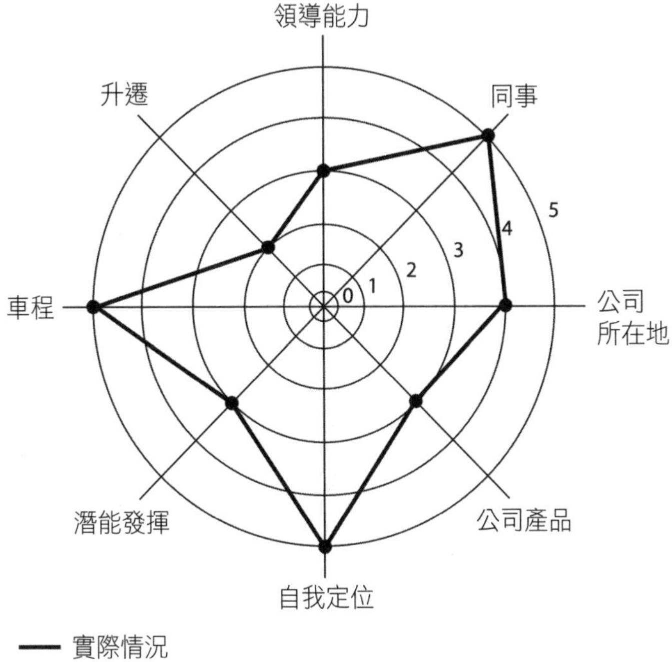

根據圖一的分析結果，回答者慕勒小姐對自己的「領導能力」滿意程度是普通，因為這項只得到三分；她對於「同事」顯然覺得很滿意，因為這項得到最高的五分；至於「公司所在地」的滿意度也還不錯；公司「產品」則普普通通；慕勒小姐非常滿意自己的「定位」；不過她的「潛能」似乎無法完全發揮，只有三分；「車程」也很不錯，得到了最高分；「升遷」這點似乎與「潛能」發揮息息相關，因為這項甚至只得到兩分，是整張圖表中最低。綜合來看，慕勒小姐基本上對現況是滿意的。但事實上老闆並未真正看重她，沒給她發揮潛能的機會，這點讓她頗不滿意。然而，「發揮潛能」是慕勒小姐真正想要的嗎？這張圖只是呈現實際情況，我們接下來看看她的理想情況！

下一步是在生命之輪中畫出你理想中的期望（請見圖二），接著比較實際情況和理想差距有多大。只要把它畫出來，你就能清楚看到距離理想的滿意度還有多少努力空間，現實和理想之間到底有多少差距。

從這張圖表可以看出，慕勒小姐真的很希望能有更多挑戰，因此在這方面有很大的積極行動需求，必須讓老闆也認同這點。她可以深入思考這個議題，然後列出具體建議和優缺點清單，主動朝提升自己的方向前進，例如：再進修。

透過生命之輪你將能清楚認知到，職場生活的哪些領域已經符合自己的期望，以及有哪些改善空間或急迫的行動需求。接著你必須找出專屬自己的優先順序，並想方設法將期望轉為行動。至於這些行動如何用在你目前的舞伴上，還是應該另謀高就，則有待深究。

生命之輪可以應用在許多層面上，適合各種生命議題——無論是私人或職場。你甚至可以列出更

圖二　利用生命之輪識別行動需求

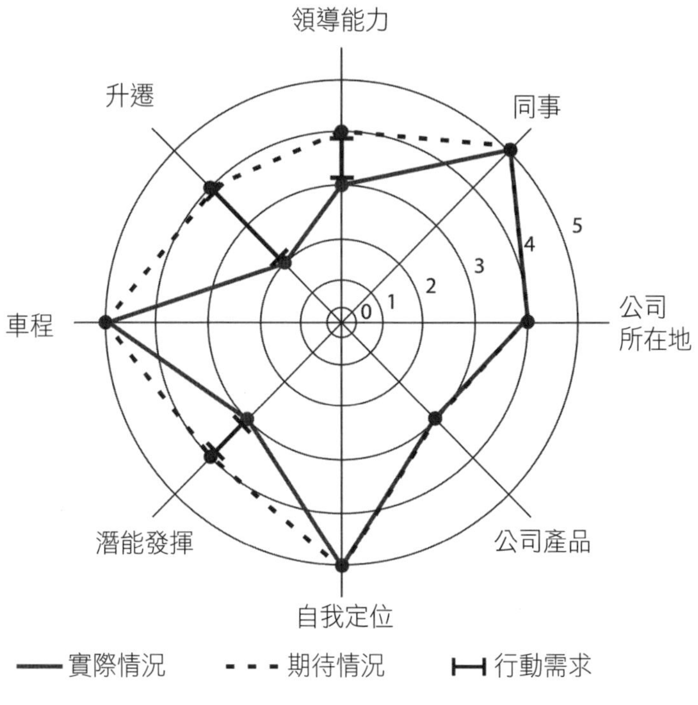

詳細的特性，好好分析自己的領導能力。不過我們的最終目的並不在於追求一個全圓的輪，每個人都有自己的優先順序，因此最後也可能會出現「橢圓」的輪。重點是確認出各要素的差異，了解自身迫切的行動需求。

你的工作有安全感嗎？

進入職場的前十五年，我對公司懷抱著莫大的期望。我感到自在、有歸屬感和安全感，以為從此以後就會過著幸福快樂的日子……但到現在的社會，已沒有所謂永遠的職場安全感了。過去的員工或許還能寄望一個長期、穩定的工作，四十年如一日地工作。如今某些產業能有幾年好光景，就已經要慶幸了。目前職場上約聘工作履見不鮮，企業想留住員工，但似乎不希望彼此的關係太過緊密，因此預防性地開了道後門，只要公司策略方向改變而需採取必要行動時，隨時能擺脫掉員工。這種如意算盤從企業的角度來看，當然很能理解；但從資方對待員工的人道角度來看，我對此非常懷疑。如果能讓員工再次對工作有安全感，那該有多好？

工作安全感？沒錯！員工只有在感到安全時，才能發揮出自己的最大能力。然而，「安全感」並不是指老闆每天早上跟員工道「早安」，幫他們煮咖啡。不是的，安全感是讓員工在工作場所不會感到恐懼，可以大聲說出自己的想法、貢獻一己之力、感覺相當自在。職場不僅是要求專業之處，同時也是包容人性、讓員工感到安全的地方。基本上，最關鍵的部分就是「人性」，但企業這方面的表現尚有待加強。

該如何讓企業更有人性呢？「人性」意指我們面對同事、主管、整間公司所運用的社會能力，包括了禮貌、專注力、尊重、忠誠等。正如前人智慧所言：「要怎麼收穫，先那麼栽。」每個人都承受著高壓，必須面對許多改變；但我們必須牢記，改變的過程需要時間。對員工來說，要跨出第一步實屬不易。如果你的主管不時承受時間壓力，整天都在生氣，你可能不會想和同事一起慶祝生日，也不希望得到主管的生日祝福。那麼我們還能怎麼做？公司文化源自於領導階層，若你無法改變現狀，應該對同事展現「更多人性」。當公司同事間的人性面變多，久了領導階層也會受到感染。

人性是一種文化問題。我聽過許多員工被解僱的悲慘故事。某些人收到老闆祕書當面傳達或發送電子郵件的解僱通知；有些人則是從變更的組織結構圖得知自己被解僱，因為圖上找不到自己的名字。我的親身經歷是，在公告欄上看到「所有約聘人員將不再續約」這消息（其中包括我），所有相關員工必須在期限內離開公司。幾天後老闆才找我去談這件事，這種經歷真的令人氣憤又措手不及。若你在離開公司的前一天，基於報復想給老闆留下一點小紕漏，這也是情有可原。不過即使內心已經千瘡百孔，你還是應該保有理智和尊嚴。雖然這可能無法改變什麼，完全無濟於事，但你將在同事和老闆心中留下正面形象。世界那麼小，未來總還有相逢的機會。

面對職涯挫折，如何重新振作？

「跌倒，爬起來，整理儀容，繼續前行。」相信大家都知道這句話的道理，它形容的就是「韌性」這概念背後的意義。在遭受失意的打擊後，例如：我歷經了「神聖的晴天霹靂」，之後像不倒翁一樣重新站起來，整理衣袖，再邁開大步向前走。在職場上，特別是在現今節奏快速、壓力極大的時代，韌性非常重要。韌性是一個人內在的耐受力，這種內在資源能幫助你自信且幾乎下意識地面對重擔或危機（例如：企業改組、裁員或工作量增加）。值得慶幸的是，韌性是可以訓練的。你會隨著時間過去而變得更有耐受力與韌性。我個人認為，如果員工內在堅強，企業也會隨之強大。遭遇「晴天霹靂」有其好的一面，因為能帶來刺激與改變。有時我們必須處於被迫的情況下，才會碰見幸運。

至於我，那可是經歷過整整七次「神聖的晴天霹靂」，才終於走出自怨自艾的情緒，重新掌握自己的人生。我們無法改變命運的打擊，為什麼稱為「神聖的晴天霹靂」呢？所謂「神聖」，是因為它最終有正面的作用，就像來自上天的幫助；所謂「霹靂」，是因為它的到來真的很痛，令人措手不及。當你被工作多年的公司裁員或因工作量太大而崩潰時，這些讓人痛徹心扉的打擊與晴天霹靂沒什麼兩樣。但只有經歷過布莉琪．瓊斯的沙發，舔著傷口，試圖重新振作並做出改變時，我們才能體會到它的「神聖」。

但當跌倒在地時，該怎麼做才能重新振作呢？首先，你必須要有重新站起來的意志。如果沒有這種意志，就連試也不會試。當你又要放棄時，如何重獲勇氣？尊嚴，是我們決定是否繼續躺在地上的態度。問自己幾個問題：「如果維持現狀，未來一年我的生活會是什麼樣貌？」「我喜歡這樣嗎？」「我不值得更好的嗎？」

即使你心中只感受到一丁點的希望火花，也會認為值得為之奮鬥。讓過去曾發生

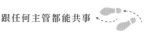

的一切變成你的優勢，善用你的經驗傳承，改變你的生活，直到重獲站起來的動力。對抗挫折的終極方法就是「白日夢」，勇敢做夢！想著你最喜歡的事物與你夢想中的生活，重新喚起自己對生活的熱情。有時可能只需要一點小火花，就能將你心中的火再度點燃成熊熊火焰。所以，盡情做夢吧！

然而，當人陷入憂鬱或筋疲力盡時，做夢可能也無濟於事，這時我們會需要醫生或治療師的專業協助。無論如何，最重要的是你必須採取行動，脫離讓自己深陷的泥沼。你必須牢記，奮鬥是值得的！處理危機只有兩種方法，其一是投降，只看到負面，然後逐漸隨漩渦向下沉淪；另一種是正視它，看到危機內在的正面元素。最關鍵的問題是，我們如何處理「晴天霹靂」？能否形成堅強的內在耐受力，意即「韌性」？或是終其一生顧影自憐？面對「晴天霹靂」的重點在於，堅信自己具備擺脫困境的力量，來吧！從悲慘的沙發站起來！你可以變強，能訓練內在的耐受力，練就一身不易被擊倒的體質。

你內在的耐受力如何？這可以透過測驗找出答案。關於韌性的測驗實在五花八門，我想跟各位分享其中一種。首先填寫評量表，然後從得分來確定自己目前的韌性程度。請從一分（不符合）至五分（完全符合）評估每一項陳述。[4]

韌性程度測驗

情境	分數
1 面對危機和混亂的情況，我能保持冷靜，專心採取因應措施。	
2 多數情況下，我總是抱持樂觀的態度。我認為困境只是一時的，並預期自己能掌控困境，相信事情一定會好轉。	
3 我很能忍受不確定性與分歧的情況。	
4 我具有很強的適應能力，歷經失敗，可以快速重新振作。	
5 我很幽默，懂得自嘲，生性開朗。	
6 我能從失落與打擊中快速進行心理重建。	
7 我有可以傾訴的朋友，會表達情感並尋求幫助。	
8 我有自信，知道自己的定位。	
9 我具有好奇心，想知道萬物的運作脈絡。	
10 我會從自身與他人經驗中，歸納出寶貴的認知。	
11 我善於解決問題，會分析、具創新能力、思考務實。	
12 我希望事情能進行順利，所以經常詢問他人意見。	
13 我做事有彈性，視情況採取樂觀、悲觀、信任、謹慎、無私或自私的態度。	
14 我總是做自己，也發現可以與不同的人相處，能處理不同的情況。	
15 如果可以自由且獨立做事，我的效率更高。	
16 我很會看人，並且相信直覺。	
17 我善於傾聽，能設身處地為別人想。	
18 我不會評價別人，可以和各式各樣的人相處。	
19 我很有毅力，在艱困的時期更會展現這項特性。	
20 我歷經千錘百鍊，養成了強大的內在。	
21 我能將不幸轉為幸運，從困境中反敗為勝。	

評分結果

九〇分以上：你具有克服艱困情況的能力，韌性極強。

七〇至八九分：你的韌性很強，頗有自信，在艱困情況中具有耐受力。

五〇至六九分：你稍有韌性，但耐受力尚有不足，你應該對自己的能力多些自信。

五〇分以下：你的生活似乎過得不如意，可能是因為不善於處理壓力，無法從經驗中學習。被人批評時你總感到受傷，有時也覺得無助和無望。如果符合這些描述，表示你的韌性不足。

目前的工作已經讓你氣喘吁吁了嗎？你可能覺得需要休息一會，或是已無法忍受，想永遠離開這舞台。你的處境與目前的滿意程度及痛苦指數有關。我常如此說：「如果工作給我的動力等於我為它所消耗的，那就剛剛好！」你的情況也是如此嗎？還記得八〇／二〇法則嗎？當你雙腳因為鞋子太小（或太大）而長滿水泡，並覺得痛苦難耐，就應該停下來好好休息，並換上一雙合腳的鞋，好好地與它磨合。千萬別忘記一點：別人的鞋不適合你！當你的腳和舞鞋經過一段時間的磨合後，穿上它才能舞出精采。換句話說，活出屬於你自己的風格！若只是一味地模仿別人，你終將失去自己的力量！

但如果你已經筋疲力盡，難以重新產生力量，也很難重新振作。其中最困難的事情是：認清自己的優勢和資源，並且有意識地運用它們。

每個人都有優點，企業必須根據員工的能力和天分知人善任，而不是根據他們的績效或成績。我很幸運，因為過去可以在任何產業、部門或層級，擔任助理或服務員的工作。不過當時的我並不知道，原來讓我如此樂在工作的核心價值是「服務」。即使後來我創了業，仍是一位服務人員，因為這是讓我心跳動和燃燒的原因：協助他人，減輕人們的壓力！想一想：

- 你的心為何而跳？
- 是什麼讓你變得堅強？
- 是什麼給你力量？

④ 作者注：Al Siebert: The Resilience Advantage, Berrett-Koehler Publishers, San Francisco 2005. 德文翻譯出自 Psychologie heute 7/2011 期。

強化韌性的十方法

舞蹈老師常會如此要求學生：「跳舞時，眼睛要直視前方。」這原則也能應用在職場上：「工作時，眼睛要直視前方。」但一般人都留意現在，對未來常不夠主動積極，愈早意識到之後可能面臨哪些問題或危機，才能及早採取因應措施或避免。如果你有直視前方，就不會跑到已經人滿為患的舞池，也就不會因為人潮太擁擠而意興闌珊。在公司改組、合併或陷入危機等特殊情境，韌性是最好的因應良藥，因為它能為眼前的挑戰找出有建設性的解決方法，為你與公司持續帶來助益。你也會因此更了解自己的個性、增加自信與內在強度，並了解自己的目標和期望。

如果做完韌性測試後，你發現自己的韌性還有提升空間，請務必設法提升自己的內在耐受能力。美國心理協會有篇文章〈韌性之路〉（*The Road to Resilience*），其中提供增強韌性的十個最佳方法。

1. 強化社交人脈

人在艱困時期最需要緊密的人脈網絡，因為可以從「正確」的人身上獲得適當的協助，如此問題自然就會迎刃而解。一通電話或許就能創造奇蹟。找個時間撥電話、發簡訊甚至親自登門拜訪，與朋友保持聯絡吧！

2. 每個問題都有解決方法

我在自己房間的牆壁上貼了一張寫著「雨過總會天晴！」幾個大字的明信片。回想一下你過去歲月曾克服過的艱難情況。到目前為止，你不是也已經度過了許多難關嗎？這樣的正面思考會為人帶來力量和信心！

3. 接受生命就是有「變化」

仔細想想，人生如果總是一成不變，不是也很無聊嗎？生命就是有變化，有時朝一個方向走，有時則轉去其他方向。當你了解並接受這事實，那就取得了關鍵的先機。試著去享受變化，變化可能會將你帶去一個有趣的新方向，在那裡迎接你的可能是意想不到的驚喜！

4. 積極追求目標

設定目標後若只在原地「喝茶等待」，那就永遠不會進步。做出行動表示要讓事情運轉，創造機會。面對艱困情況的挑戰，不妨將焦點轉向創新，擺脫被動。最好的方法就是擬定創新和積極的計畫，但你不必獨自去做。

5. 果敢採取行動

下決定並勇敢行動，此舉也能強化你外在的堅定。如果你有所遲疑，別人會從你的表現感受到你內心的猶豫。當你不斷研究自己設定的目標或所處的情況，將一切完全思考之後，決心便會形成且達到「成熟」，自然就能勇敢行動。

6. 找出自己的成長潛能

你要牢記，過去自己是如何從各種挑戰中成長茁壯，並且學到了什麼？你內在的成長就是學習成果。若你目前陷入困境，需要什麼來幫助自己度過困境？或許是「更多的從容」這種答案，而答案就是你還能成長、必須突破的地方。

7. 建立正面的自我形象

唯有喜歡自己，接受自己，才能為他人帶來正面的影響力，並且建立寶貴的社交人脈。當你接受你就是你，自然會顯露個人的光芒。但俗話說「知易行難」，在過程中不妨與自己對話、溝通，然後在成功筆記上寫下關於自己的正面紀錄，讓你的內在充滿勇氣！

8. 把眼光放長遠

有時我們會陷入見樹不見林的情況。你必須堅定自己的「遠大」目標，然後一步一步朝那個方向前進。當你苦思一個問題而開始鑽牛角尖時，就該抬頭去仰望天空。望向窗外，看看天邊的雲朵，想像自己從雲朵上方俯視這些令你煩惱的事物，就能客觀看待。或是可以如此問自己：「五年後，我還會困擾嗎？」

9. 記得保持樂觀

樂觀者往前看，並且不容易被擊倒。想要成為樂觀者，你必須不斷自問：「這件事有哪些好處？」你會發現每個挑戰一定都蘊藏著優點。不可諱言，你必須改變自己看事情的角度，不過仍容許有些妥協，一開始可以稍微悲觀（透過發牢騷宣洩一下情緒），但緊接就必須找出那件事的好處與優點。

10. 好好照顧自己

如果你不想照顧自己，別人再努力也做不到！請當自己的好朋友，不要太過苛責自己。記得給自己讚美，幫自己解除壓力，因而有力量支持下去！

如何處理與主管的衝突？

我曾在一家大企業擔任董事會助理多年，我老闆的能力平庸，老實說脾氣也不好。很多同事都怕他，因為他是個優秀的「修辭學家」，善於把人逼到毫無招架之力，只能蜷曲在角落暗自啜泣。他是我的直屬上司，大多時候彼此關係和諧，直到有一天，他突然沒來由地對我大聲咆哮。那時我嚇呆了，當下只是呆若木雞地愣在原地，根本不知如何應變。我睜大眼睛、驚惶失措地看著他，這是前所未有的經驗！我唯一能做的就是一語不發地轉身，飛也似地離開。

沒錯，非常狼狽，但我就是很怕這種易怒的男人。更糟糕的是，我竟然有種很不好的感覺——雖然錯不在我。算了，離開就好了！回到自己的位置上，即使只有一門之隔也好。我開始大哭，其實更氣自己，為何無法自主地面對這種情況？從這種每個員工肯定都經歷過的慘痛經歷中，我發明了一種專屬的流程：

- **打擊**：哇，一記當頭棒喝！衝突四起，硝煙彈雨，遍體鱗傷。
- **撤退**：離開現場！先撤退，舔舔傷口。這樣做是可以的，你不必立刻反應，試圖用華麗的言語反擊。先重新站穩腳步，別覺得有壓力。
- **認清**：分析情況，了解來龍去脈。究竟是誰做了什麼事？你感受到多大程度的侮辱或攻擊？你的感覺是對的嗎？或是另有其他因素？過錯在誰？「攻擊者」或是「你自己」？
- **強化**：找尋支持者或盟友，和你信任的人聊聊自己的遭遇，聽聽客觀的意見。從另外一種角度看這件經歷，也是好事一樁。如果最後確認絕對不（只）是你的錯，就該採取下一步驟。

- **行動：**現在才是應該反應的時候！別再抱怨連連，行動的時機到了。你必須抉擇，未來是否還要（或必須）跟這個人來往？你還有要澄清的事嗎？你想積極解決這場衝突並開誠布公地化解這件事嗎？抑或是以後不想再與這個人有任何瓜葛？如果不想，就不必再理會這件事。無論你的決定是什麼，最重要的是，行動就對了！

一間公司裡聚集了來自四面八方的人，大家各有不同的個性，偶爾發生衝突在所難免。此外，每個人在職務上也有不同立場和追求的目標，可能會因此爭權奪利，或是因為透明度不足或溝通不良而產生誤會及錯誤的詮釋。衝突隨時可能一觸即發，但也無須太緊張，畢竟這世界不可能永遠都是太平盛世，重點是如何面對摩擦、處理紛爭。關係教練歐拉夫・施萬斯特（Olaf Schwantes）建議可以共同分析並解開衝突：

- 再次仔細分析整個衝突情況，確認來龍去脈。你做了什麼，你的主管做了什麼？
- 這情況在你內心觸發了哪些情緒？你是感到生氣，或是因為意見不被尊重而感到悲傷？

• 在這種情況下應該怎麼做，才不會產生上述的那些情緒？你只是希望老闆專注聽自己說話嗎？下次再遇到這種情形，你可以採取哪些不同的做法？你希望主管怎麼做？

如果你已經進行過衝突分析，接下來就該開誠布公與老闆談一談，共同找出解決方法。你得做好準備，避免衝突情況更加惡化。最好是寫下你分析過的心情，然後以「我訊息」來陳述自己的想法，以此避免指責對方。陳述時請盡量保持客觀。

什麼是「我訊息」？其背後蘊藏了什麼祕訣？傳達「我訊息」意味著與對方說話，但不傷害或攻擊對方，以開放、尊重和誠實的態度面對彼此。反之，「你訊息」常會讓對方感覺受到貶抑、攻擊或拒絕，進而挑起對方的反擊；如此不僅無法使原本的衝突得到緩解，還會引起對方的抗拒和怨恨。「你訊息」無法保持在客觀層面上，而會攻擊到對方的行為、情緒或意志，使雙方的焦點脫離問題本身，變成關注對方的陳述。不過可別認為以「我」開頭的句子就是「我訊息」，例如：「我覺得你是個大混球！」這種當然不行！

以我那易怒的老闆為例，我應該可以如此回應：「您無緣無故對我咆哮，我覺得這對我很不公平，因為我並沒有錯。」但事總與願違，那一刻我的腦袋根本一片空白。我為此練習許久，沒錯，這就是關鍵所在，練習。練習到夠純熟之後，你將會有更多的自主性。現在讓我們嚴格檢視一下自己的日常工作，你有沒有遇過一些事，之後懊惱當初為什麼要那樣反應（或為何不知怎麼反應）的情況呢？想想看，當時還有其他或更好的應變方法嗎？臨危不亂的應變力與自主處理棘手情況，這些都是可以被訓練的！

- 哪些情況會讓你感覺自信且堅定？那就是你的優勢領域，可以用這些特性來行銷你自己。
- 哪種情況會讓你感到不適或不安？為什麼？要怎麼做你才會覺得有自信？若你覺得在專業上力不從心，可以利用進修課程來強化自己的專業能力。如果你發現有些情況（時間壓力、緊張、與主管有爭執）讓你招架不住，可以參加相關的研討會或訓練課程，學習如何因應。

想想哪些人能讓你變強？這些人就是你的盟友，你需要他們的力量，因為單打獨鬥難以成功。不斷拓展你在職場與周圍的人脈網絡，有朝一日要更換舞伴時，這些資源就派得上用場。

對你而言，別人的哪些行為屬於「神聖的晴天霹靂」？哪些行為你已忍受許久？哪些行為你已不能也不想再忍了？

每個人對「神聖的晴天霹靂」詮釋和感受不盡相同，端看自己的態度或身上那層護甲的厚度而定。對某些人而言，沒來由地被人咆哮，屬於中等強度的地震，會引發他們的意識危機；對另一些人來說，可能宛如天塌下來一般。但「神聖的晴天霹靂」是指足以徹底影響生活的重要議題，即使我們一開始也不可置信，但它能帶人走向光明面。

你喜歡為誰工作？喜歡如何工作？

有些歌曲實在沒完沒了，即使跳舞樂趣早就消失殆盡，舞者還是得硬著頭皮繼續跳下去，但人們總是希望這首歌可以盡快結束，並期待下一首會是自己夢寐以求的勁爆舞曲。如果現在就離開舞池未免太過可惜，畢竟當初這個位置可是得來不易啊！不是嗎？

在職場也是如此。我們一直辛勤地工作、工作、工作，並不習慣別人問自己是否（還）喜歡這份工作，總認為重點是「把工作做好」。但現在我要直截了當地問問各位：「你喜歡你的工作嗎？有成就感嗎？你滿意這份工作嗎？你快樂嗎？」我當然知道，工作不只是為了追求快樂，畢竟還有更重要的事情，不過問問總是無妨。

沒人敢說生活就是一連串的精采和熱情，但也沒人希望生活是由愚蠢的工作、無聊的制式化和自動化所組成。如果工作無法帶來快樂、對你沒有意義，或只是讓你感到筋疲力盡，為什麼還要繼續做下去呢？這種工作長期下來對人一無是處，也不被人喜歡。

在現今這個富裕的社會裡，喜歡為誰工作及喜歡如何工作，應該是我們值得擁有的「奢侈」。我們的父母和祖父母那一代面臨其他的煩惱，因為那是戰後的重建時代，多數人的生活目標就是讓家裡老小能夠溫飽。現代人講究的是生活品質、滿足、內在的平衡——那是我們值得擁有的幸福。

3｜樂在工作的關鍵：適才適所

誰說每個人都必須在事業上飛黃騰達？世界上很多人非常滿意自己現在的工作，壓根兒沒有升遷的欲望。並不是每個人都必須透過事業成功來得到快樂和滿足，只要在舞池上找個你最愛的位置——能夠自我發揮並感到滿足，然後盡情快樂地跳舞。這位置不一定是舞池中央（若你天性並非如此），而你的舞姿也不必曼妙。

無論你身居哪個層級，想在職場上展現自信和自我意識，這都不是一件容易的事，不過我們可以學習！社會上有不少工作被嘲笑或被輕蔑為低人一等，從事這類工作的人必須要有厚重的護甲，才能抵禦這種鄙視眼光。而我認為社會上的每個工作都很重要，也有其必要性。德國作家赫曼．赫塞（Hermann Hesse）說得好：「適才適所者皆英雄。」可惜很多人不了解這個道理，還十分看不起辛勤工作的人。

重視每位員工應該是大家的共識，而不僅限於老闆。每個人無論階級為何，都應該受到其他人友好、合宜且尊重地對待，不管是清潔工、警衛、祕書、部門主管或董事長都一樣。身體力行、為人表率是優秀領導者的任務之一，因為唯有如此，才能營造出正確的工作氛圍，讓大家樂在工作。這樣的老闆也才值得人為他赴湯蹈火，不是嗎？你一定也想和這樣的老闆共舞吧！

職涯精采度，由你掌握

先說明一下，「舞出精采」並不是要你利用個人魅力獲得晉升的機會，這種有點爭議的議題應該不難找到相關資料，但在我這裡一〇〇%得不到任何建議。本章所談的多半是前瞻性的職業規劃。對事業有野心的人，儘管勇往直前，不要扭捏地故作謙虛。不過無論你想爬多高，要注意千萬別太勉強，也不要失去對任何事物的樂趣。在你準備邁開大步，爬上事業階梯之前，先問問自己以下幾個問題：

- 你真的有強烈的事業企圖心嗎？你做好承擔責任的準備了嗎？你能承受高壓嗎？

• 在職場競爭中，你感到自在嗎？
• 你具備攻頂的工具嗎？

如果這些問題你都能明確地回答「是」，那就勇敢出發，去爭取你的成功吧！容我再多說幾句，若你已經決定往上爬，就要讓自己勇於思考和做夢，幾乎所有我認識的人都具備比他們自認更優秀的能力，可以達到遠比自己想像更高的成就。你可以盡可能占領更多的舞池空間，甚至是當ＤＪ或俱樂部老闆。無論你有什麼計畫，請都加倍你的勇氣去做！如果上述問題中，有一些你的答案是「否」，這也沒有關係。沒人規定人生一定要事業有成才會快樂、成功。

五祕訣，讓事業精采

1. 規劃你的事業步驟

你的目標和追求目標的方法是什麼？我們使用導航系統計算路徑前，必須先輸入目的地才行，因此「設定目標」是你必須面對的第一個問題，如此才能進一步思考如何達到目標。你必須思考該建立哪些人脈、採取哪種策略，以及接下來的一年該參加哪些研討會，以此提升你的專業或個人發展。

2. 發現機會，睜大眼睛

經營人際關係，像是與同事、主管交換意見等。公司餐廳或電梯前是最新消息的集散地，例如：公司內部有個你很感興趣的職務開缺了。建議你在公司走動時，務必眼觀四面，耳聽八方。

3. 表達你的期望

別人無法用眼睛看見你的期望，因此請誠實說出自己的想法和期望，例如：下次和主管進行目標設定會談時，事先規劃你想達成的目標，之後就不會有人質疑你意志不堅。根據個人經驗，同事們常說他們還沒有到達自己的目標，目前這位置只是中繼站。這麼說既勇敢又聰明，因為原則上這句話完全可以被接受，它會帶你走到比原本想像還遠的地方，因為其他人也同樣豎起耳朵、張大眼睛，等待你實現諾言。

4. 持續自我發展，同時廣為人知

參加有助於自我發展的研討會——無論是硬技能或軟實力都好。勇於跳出你的影子，因為這一跳是我們最大的動力。不進則退，若你的能力只有自己知道，如此毫無助益。你要說出來，與他人分享自己的興趣、參加研討會的心得等，讓其他人也對你刮目相看。

5. 將時間快轉，預想成功

想像成功場景是很棒的鞭策動力，雖然聽起來有點老生常談。想像自己三年後會在什麼地方？那時的生活是什麼模樣？鉅細靡遺地勾勒出腦海中的成功場景，讓它在眼前幻化為一幅美麗的影像。內化你感受到的正面情緒，這就是「你成功」的感覺。好棒！之後你不時會想起這場景，因為已經將它「儲存」起來。這能鞭策你向前行，因為內在的夢想影像將帶給你堅定的意志和力量！

4 進入心流境界，動力源源不絕

我常這樣說：「就算一整年不運動，整夜舞通宵也沒問題！」你是否也曾在舞池上徹夜狂舞，快樂得欲罷不能？為什麼會這樣呢？是因為跳舞能讓人盡情展現自我嗎？不只跳舞能夠如此，想想看你特別喜歡做的事情，那些讓人樂此不疲的興趣，基本上也不會使你感到厭煩。其實我們的工作也應該如此！如果你喜歡工作、樂在工作，就能進入心理學家契克森米哈賴（Mihaly Csikszentmihalyi）所謂的心流（Flow）境界，忘卻周遭的一切。讓你的工作和生活多點樂趣，使生命多些喜悅，因為你值得！

不妨給你的工作多一點時間，具體來說，當你專注於某項工作時，記得關上門；使自己全神貫注於工作，並且不要同時處理太多事；預先規劃工作細項的時間表，然後全神專注；設定手機鬧鐘，就無須不時看時間；若是可行，最好承接任務時就確認它是否符合執行者的能力，與上司協議目標時，要明確表示哪些工作是你的強項，哪些領域是公司最該重用你的地方。

觀察一下，哪些工作最能讓你樂於付出，進入心流境界？若想達到這種境界，必須符合哪些條件？你目前的工作崗位具備這些條件嗎？「熱情」具有神奇的魔力，光是唸著它，彷彿內心就能湧現源源不絕的動力，因為存在著值得我展現熱情的價值。但何謂「熱情」？那是我們對某件事最純粹的愛、巨大的快樂和堅定的投入，因為認為它值得我們如此做。

為什麼這麼多人願意投入志工的行列？為什麼有些人下班了還坐在書桌前，努力製作要給老闆的簡報，即使沒人要求他們這麼做？為什麼四十二歲的同事下班後還要進修？很簡單，因為他們都找到讓自己快樂、有意義的因素，並認為值得為之投注心力和奉獻。有了熱情，一切就簡單許多，當你找到內在動力，願意為某件事燃燒熱情時，基本上就成功了一半。

如果你對一件事感覺勉強或是無法從中找到快樂，就不可能產生熱情。但你也不必因為太高興，就在辦公室走廊上歡喜狂奔，有時候感到滿足就能讓你樂在工作。一旦找到不只讓你滿足，更使你欣喜若狂的事物時，為了自己、老闆或任何事情都願意赴湯蹈火——那就是熱情！你對工作有多大熱情呢？對老闆呢？對你的生活呢？幸運的是：即使在艱難的情況下，我們也能提升、增強自己的熱情。改變你對事物的看法，便可能找到值得投入心力的人、事、物。

面對難共事的主管，更要採取主動

與主管難以共事，覺得索然無味或無法激發熱情，有很多原因：

- **資訊不足**：員工若不知道公司究竟在做什麼，那為何要投入心力？如此，他們的能力也無法發揮到極致。
- **溝通不良**：員工與主管愈有充分溝通，就愈能受到鼓勵，願意和公司一起前進。員工很聰明，常會有令人意想不到的創意。
- **沒有明確界線**：若員工或整個部門彼之間不協調，工作態度懶散，大家的步調自然亂無章法。最糟糕的是，有些工作重複進行，有些工作卻延宕多時，因為無人理會。

- **無法獨立工作**：員工若只懂得聽命行事，就只會愈來愈被動，甚至停止思考。
- **領導階層決策力不足**：可能是決策太遲或不明確。有時不下決策還比決策錯誤更糟，因為決策錯誤至少會讓公司以某種型態前進，但不下決策就只是停滯不前。
- **吝於讚美和尊重**：對員工若只是不斷羞辱，而不給予建設性的批評（亦即「讚美」），只會削減他們的自尊和工作動力，還會讓他們感覺自己一無是處。
- **缺乏信任**：管理人員愈不了解員工的優點，愈無法信任他們，也不認為他們能把事情做好。

在前述氛圍下，大家當然會無心跳舞！我們該如何做，才能解除這些讓舞步不同調的不利情況呢？我的建議是「採取主動」。我常將「主動積極」掛在嘴邊，並堅信成功的關鍵掌握在自己手裡。是否要告訴老闆自己想接受更多挑戰，決定權在你；是否要讓老闆看到自己的潛能，決定權也在你；如果老闆不動如山，是否要去引領他，決定權也在你。

無論多厲害的老闆都沒有預知能力，如果你不說出自己的期望，他當然無法洞悉。我是個現實主義者，深知並非所有老闆都能接受被引導，不過這總值得一試。試了以後就只有兩種可能性：不是你接受現狀，在現有條件下繼續工作，就是情況有所改變。由於我們無法改變他人，只能改變自己看待他人的態度，或是另尋新舞伴。

與主管共事時，你也可以是引導的那一方，因為雙方是否能成功合作，你也有責任。就像跳舞時，舞伴必須彼此搭配和諧共舞，而不是與對方背道而馳，要合作才能和諧！如果你發現老闆沒有節奏感，就要負起引導的責任，畢竟主管不是隨時都能眼觀四面，有時也會有「盲點」。當主管被困在牆角時，員工就能發揮作用。

如果你想協助上司，適當地引領他，就必須去了解他。他在職務上面臨哪些問題？承受哪些壓力？該如何幫助他？試著從主管的角度思考，你將發現他的處境並不簡單。當你設身處地感受老闆的想法和感覺時，才能適切地提供協助——或說引導，像是幫老闆準備決策文件之類的。隨時保持好奇和警覺，睜大眼睛體驗（職場）生活，思考自己有什麼新創意？還想學習什麼？還有哪些改善空間？

第二章

掌握主管風格，不再煩惱如何共事！

我的老闆不是懶惰，他是「舒適導向者」！

這是跳舞

跳舞有固定的流程：有人邀你共舞，你禮貌地接受並走向舞池，站在自己的位置上。舞伴在共舞前走向你，兩人距離比平常更接近，接下來是彼此適應的階段。舞伴的移動方式如何？他的節奏感好嗎？他會引導嗎？你逐步配合他，調整你的移動方式，或是反過來讓他配合你。你們兩人彼此愈協調，舞姿愈曼妙，這種感覺美妙至極。但和某些舞伴共舞時，你可能會期待音樂快點結束。等音樂結束便飛也似地找個角落，處理受傷的腳趾或其他傷口。

這是工作

工作流程也大同小異：找新工作或人事變動，你都會有新老闆，但你對新舞伴幾乎沒有太大的影響空間，所以一開始很重要。你必須先了解老闆，觀察他工作的方式、節奏、期待、能力、偏好的領導與工作風格。必要時你必須配合他，這與服從無關，而是希望達到同步。你要找出兩人最好的合作方式，盡早發現可能的陷阱。和某些老闆共舞時，舞步特別輕盈、曼妙，因為合作無間，所向披靡。但和某些老闆共舞時，卻常踩到彼此的腳趾頭，這時忍痛結束關係，總比無盡的恐怖折磨好。

5｜善用正向心理學，強化優勢

為什麼只有少數領導者擁有出色的領導能力？你現在可能很納悶，「這問題跟我有什麼關係？」沒錯，畢竟你不是管理職，但我覺得偶爾站在（新）老闆的情況設身處地思考，這也是必要的事。現在的職場對領導者有一大堆期待：必須具備專業能力、能引領企業和員工前進等。但常被忽略的是，許多經理也有主管，他們必須在管理者和員工角色之間取得平衡。有些主管或許也才剛晉升為管理職，還必須摸索、找到自己的定位。老闆也只是個人，他們是從哪獲得知識，可以「正確」地領導員工？老實說，很多老闆只空有在高階主管速成課程或幾十年前學到的理論知識，還納悶書本上的理論對他的員工怎麼完全不管用。

有些主管則不知何謂領導能力和激勵員工，甚至對這些沒興趣，所以根本無法與他們共舞。但我有時也會納悶：「他們知道自己正在跳什麼舞嗎？」或許共舞的兩人彼此跳著完全不同的舞，卻渾然不覺。他們只是暗地裡百思不解，為什麼合作無法成功？並且將一切的錯誤歸咎於對方，企業所有層級都可能發生這種事，所以，跳舞時請睜大眼睛！

問題來了：「那些讓員工趨之若鶩的老闆，究竟在哪裡呢？」從經驗來說，這種老闆確實存在。但其實你也能盡點力，讓你的老闆成為更好的老闆。必要時，你甚至可以擔起引導責任去協助老闆。兩人以積極的態度互動，就能更和諧地共舞。傳統心理學主要以問題為導向，而正向心理學的基礎在於資源和優勢導向。這是什麼意思？簡單說，每個人都該以其原本的樣貌被接納，主管應該了解員工的優勢，並加以應用和提升，也就是所謂「強化優勢」，而非在員工身上尋找錯誤和問題。

齊格弗里德・布羅克特（Siegfried Brockert）是德國在這領域的專家之一，他接受專訪時曾告訴我：「心理學家和領導者一樣，哪裡出錯，那裡就是他們使力之處！正向心理學擴展了管理任務的範圍，主管的目光不再聚焦在錯誤、缺失和劣勢上，而是要著眼於運行順利的事物上。」這觀點也適用於員工，因為正向心理學原則上是我們對待自己與他人的方法。布羅克特認為，正向心理學近年來已開始深入企業，或許你的公司還未如此，但我們樂觀其成。

若是可行，你不妨以身作則，在各種情況中或人身上找到正面能量，特別是說好話、聊好事，例如：感謝老闆為部門的付出、感謝他每年都幫你爭取進修的機會……不管怎樣，一定能找到一些正面的點。當團隊所有成員在與他人相處時，能專注在好的一面和正向能量，而不是放大對方的錯誤、缺失和弱點時，正向心理學就能發揮最大的作用。看到好的一面，對群體有激勵作用，也能提升我們生活的樂趣，這不僅適用於職場，私人生活也不例外。

然而，若你所在的公司只將目光集中在錯誤和缺點上，該怎麼辦？你該有所作為，或是必須另尋舞伴？這些都是可能出現的問題。根據我個人的經驗，對於不正確或困擾自己的事，最好與對方開誠布公地討論。我承認這不是件簡單的事，需要很大的勇氣——特別當對方是你的老闆時。但如果你克服了，往後便會看到豐碩的果實。你可能會因此得到他人的認同，因為你是以如此坦承且勇氣十足的態度在處理問題。你的老闆或同事甚至可能對你心存感激，因為雖然很難開口，你還是願意將問題說清楚。不過千萬別忘記，你的老闆也只是個人！有時對方的行為雖然沒因此改變，但至少你會感覺舒坦一些，因為你付諸行動，表現積極的態度，別人都會看在眼裡。

即使你的公司（仍）只將目光集中在錯誤、缺點和缺失上，在日常工作中，你還是有很多應用正向心理學的機會，說不定你將因此在公司裡帶動一些改革。請隨時記得，你的滿意度由你自己全權負責。你可以自己決定是否繼續忍受他人的行為與目前的處境，或是決定付諸行動，力圖改變。這至少值得一試，對吧？

以身作則，成為別人的榜樣，你會發現自己的行為遲早會有回報。友善地對待他人、親切地問候同事、向在走廊上遇到同事微笑致意。當對方的回應不如預期時，也別感到挫折。隨著時間過去你將發現，不時也會有人以微笑回應，屆時這將帶給你無比美妙的感受！當你感到受到排擠、受到不平等對待或被老闆忽略時，內心產生挫折和怠工心態在所難免。但這些都是負面情緒，會讓你鬧脾氣，蜷縮在自憐的沙發裡，並在負面情緒中鑽牛角尖。這時更好的因應方法其實是付諸行動，力圖改變：你可以主動積極、尋找機會、發現潛能，或以正面思考反轉情況——至少在有限的框架內盡力而為。

我想用一個職場以外的範例來說明：我的故鄉巴爾格特海德的一所學校（安妮法蘭克中學）從二〇〇五年開始舉辦一項偉大的計畫——優勢研討會。這是為七年級學生定期舉辦的研討會，目的在於發掘學生們的人格特質和社交能力，討論重點僅聚焦於學生的優點——而不是缺點。這種正向經驗對學生的個人發展具有非常激勵的作用，無論在學校或私人生活中，影響力都相當深遠，甚至持續到職場生活。

我非常希望這種型態的研討會也能在企業和機構內部應用。這會是落實在生活中的正向心理學！特別是它對「小團體」的作用遠比你想像得還要強大。你可以從舞伴或周圍的人開始嘗試，對他們說好話、讚美他們、禁止負面，然後等待著奇蹟發生！但請別誤解，這麼做並不是要將骯髒的負面全掃到地毯底下，眼不見為淨，也不是讓負面在正面外衣遮蔽下繼續壯大，最後反而毒害一切。正向心理學的目的是有建設性且包容性的批評，雖然一開始肯定困難重重，但值得一試。

運用「是的……但是……」技巧，發現主管優點

俗話說：「知易行難。」我們常對「善」和「正面」視而不見，只看見一大堆負面，這種現象稱為「選擇性感知」，人們只感受到困擾自己的事物，例如：主管的行為。但我敢肯定，即使是世上最惡劣、最壞的老闆，也有其好的一面，只是需要你多花點時間搜索和觀察。我要介紹一個非常棒的練習，我從身為知名管理教練的好友莎賓娜・阿斯戈多姆（Sabine Asgodom）那裡學來「是的……但是……」技巧，這套方

法以正向心理學為基礎，讓你學會將專注力集中在別人美好的那一面。範例如下：

- 是的，我的老闆有時說話大聲了一點，但是如果真的遇到問題，她的敏感度確實很強。
- 是的，我的老闆的確比較偏袒其他同事，但是他在部門裡非常優秀、能力超群。
- 是的，我的老闆確實是個老古板，為人也十分小氣，但是他的專業無人能敵。

透過「是的……但是……」技巧，你能找到離開悲慘沙發的機會，一旦重新發現了正面的事物，就能找到問題的解決方法，而不必等待（職場）世界改變，畢竟想要外在環境改變，那可有得等了！我想說的是：「不要等待，現在就開始做吧！」

開始讚美和欣賞老闆，尋找他好的一面、正面特質，以及值得讚賞的行為。當你將目光焦點從老闆的負面轉向正面時，可能會赫然發現他比你之前所知的更棒。下次的員工考核會談時，就帶著這份老闆特質清單，這是很好的材料。告訴你的老闆，哪些運作順利，讓你覺得很好；你喜歡什麼，對什麼感到自豪……你也能表達感謝，分享前一次會談之後主管做得好的部分（對你或整體），但務必保持客觀。這不是愛的告白，也不應過度奉承。

6 利用哈佛模式分析主管風格

如果讓我大言不慚地說，許多領導者根本缺乏領導能力，而這純粹是我的主觀感受。當然，我也曾探究「何謂好的領導能力」這問題。在此要介紹我的同事托比亞斯・豪普特博士（Tobias Haupt），因為他採用一套非常好的方法，亦即羅傑・費雪（Roger Fisher）和威廉・尤瑞（William Ury）發明的哈佛模式，領導者可以透過這模式，讓員工自信地在舞池裡起舞，感覺自己像是舞王或舞后一般。

哈佛模式的原理已行之有年，應用於各種議題與領域中。這模式最早源自於哈佛大學，但主要是具有目標導向特性的成功談判策略，不過也能用以精準分析且改善領導風格，因為它能提供快速且簡單的全盤概覽，同時能產生有助益的動力。哈佛模式經常應用於人際相關領域，包括談判、私人關係、管理、兒童教育或員工激勵等。

與管理有關，就是與人有關。適當的人際關係是領導的先決條件，而這正是哈佛模式得以發揮之處，其中涉及兩個獨立的重要層面。其一是人，亦即以尊重的態度對待他人；其二是事實，亦即和參與者相關的事實目標。這個觀察角度可利用座標系統的X和Y軸來表示，並從座標觀察這兩個層面。哈佛模式將這角度繼續延伸，使之更實用。基本的領導風格可簡單歸類於四個象限中，Y軸代表人，亦即尊重他人，亦可稱為「員工導向」。X軸則為事實與結果導向，代表在企業管理和心理方面的嚴格程度／約束力度。

托比亞斯．豪普特博士認為，以達到理想領導風格為目標來培訓管理人員，就是積極實踐「領導人格發展」。但他也明白這和心理學領域一樣知易行難，因為受訓者往往找不到能做為榜樣的範例。也就是說，實務中能身體力行哈佛模式來處理人際問題的領導人寥寥無幾，這也表示理想的領導風格在高階管理階層尚不普遍。根據哈佛模式的理論，下方圖三的四個象限是四種最常見的領導風格：

圖三　哈佛模式的領導風格

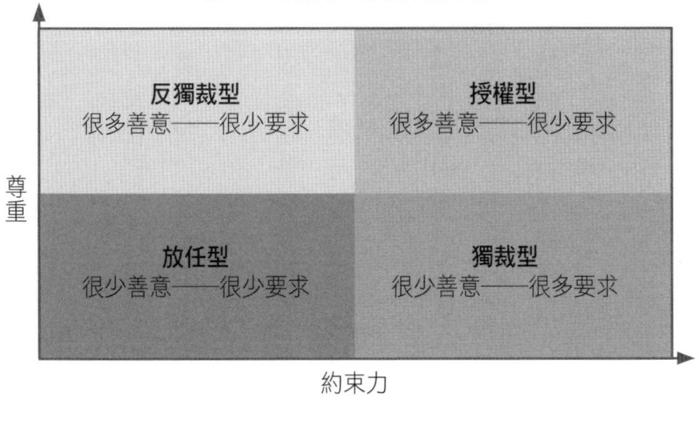

- **放任型：**這種領導風格屬於放牛吃草型，展現中立，但不承擔任何責任。決策延宕或乾脆擱置不理。領導人在掩護之下得過且過，只希望自己的無所作為能繼續偽裝下去。
- **獨裁型：**這種領導風格要求一〇〇％達標，員工只是他們達成目標過程中，必須執行其應有功能的工具，對這種領導者來說，員工滿意度微不足道。
- **反獨裁型：**這種風格重視與員工維持良好關係，因此領導者會盡量滿足員工的所有要求，並致力於維護和諧的工作關係，進而避免員工之間的衝突。
- **授權型：**這是哈佛模式的理想風格。員工導向和結果導向以最高規格結合，領導者要求並鼓勵員工，刺激他們達到最佳表現。領導者同時還營造一種氛圍，讓每位員工感覺受到重視，對於共同目標的達成具有使命感。

你覺得自己的老闆屬於哪一型？如果你希望他屬於另一種風格，可以運用後面第四章的八個舞步，隨著節拍將他引導到那裡。

雖然這四種領導風格的界線並不明確，每個老闆也都不一樣，但大致可區分為這四種風格。不過它們屬於理論敘述，因此必須具備普遍性。現今在先進企業裡，領導者必須經過內部訓練來進行相關能力的養成，即所謂的「領導學程」或「高階主管研習班」，專門培育管理人員的必要能力，但也大多僅限於理論，他們必須在實務中自我實踐。學習者必須擁有責任意識，並將自己在理論中學到的能力應用在日常業務中，但無知者卻省略此步驟。

7 六種風格，找出與主管的共事之道

過去我常將與老闆共事視為「服務工作」。我認為這麼說有點道理，因為服務的高度藝術，就是以適合老闆的方式「對待」他。當兩人的步伐和諧，領導就和跳舞一樣容易；員工如果不注意老闆跳哪一種舞，兩人在舞池中就會格格不入，但員工也能決定自己喜歡的舞蹈風格。若兩人培養出極佳默契，員工若發現老闆面臨危險，往反方向移動時，也能肩負起引領的責任，因為即使是老闆，也不可能隨時掌握一切。

跳舞是隨著音樂或節奏的肢體運動，每個人都會跳，也沒有所謂對或錯。跳舞有很多方式：動作大或小、跳躍或站立、平靜或具攻擊性、肆意擺動或熱情激昂……有趣的是，這種變化也出現在企業管理者和員工的合作上，當彼此默契十足，就會產生「波長相同」的磁場。但無論是跳舞或工作，這並不是指兩人必須達到一〇〇%的同步。有些人明明踩著完全不同的舞步，卻也能舞出妙不可言的姿態。舞步並不重要，重要的是效率和快樂！沒錯，大部分舞蹈有既定的規則，舞蹈動作也有程序，這肯定有其理由，但本書重點並不在於專業舞蹈。

身為員工，你必須先根據老闆的風格來調整自己，這有時是一大挑戰。因為如果你偏好優雅的慢狐步，想和老闆一起跳輕鬆的騷莎舞可不簡單。一開始一定會出現問題和摩擦，而解決辦法只有一種，員工必須根據老闆的工作風格調整。我有切身的經驗，這項任務艱難無比，和某些老闆可以輕鬆共舞，快樂無比；但和某些老闆共舞，簡直就是地獄！

在整理老闆舞步風格時，我徵詢了一些專業舞者的意見，包括德國漢堡附近弗里達舞蹈學校的弗列德力克・克朗波（Frederike Kramper），以及來自斯圖加特知名的夫妻檔舞者西爾維亞（Sylvia）和邁克爾・海寧（Michael Heinen）。他們給我了許多寶貴的舞蹈專業知識，我再將自己的職場經驗互相比較，最後歸納出六種老闆舞風。

請別誤會，這裡歸納的風格並不是指舞蹈本身，而是領導者的工作風格，歸類也不是對該舞蹈的褒貶！此外，這些陳述也無關評價，只是對主管典型特性的觀察，並與特定舞蹈的相似性連結。

三種好互動的老闆

騷莎舞型老闆：最具激勵作用，靈活又專業

騷莎舞

騷莎舞（Salsa）屬於拉丁美洲舞蹈，源自北美洲和中美洲，但在紐約被許多不同國籍的舞者融合成具現代感的騷莎舞。女性舞者有許多繞圈動作和手部姿勢，兩人會有許多交纏，但也可以很即興。騷莎舞的音樂很熱情，舞者常會擺動臀部，且有緊密的身體接觸。

騷莎舞型老闆熱愛（職場）生活，他的熱情會感染員工。他做任何事都駕輕就熟，他對工作非常有熱情，也樂於工作。他的想法靈活，樂於接受改變。他個性風趣，興趣多元。他的情感豐富，特別具有敏銳的感受能力。他的個人風格足以帶動員工，讓他們樂於合作。他常與員工意見交流，也常放手讓他們自己做。但長期下來，他也可能讓員工感到有點吃力，因為他的要求很多，會讓你忙得昏頭轉向。不是每個

人都能配合他的條件和速度，因此即使工作動力十足，過度的要求也可能變成痛苦的壓力。

慢狐步型老闆：優雅高手，自信又從容

慢狐步

慢狐步（Slow fox）是一種傳統交際舞，源於美國。慢狐步非常流暢，舞者必須掌握快慢交替的節拍，讓身影穿梭在空間中。慢狐步的風格非常優雅，彷彿漂浮在空中翩翩起舞，因此舞者必須保持平靜又緊繃的身體姿勢。

慢狐步型老闆非常有自信，他尊重每個層級的員工。他非常了解自己的能力，也言之有物。他能夠調整自己，配合員工的節拍。他凡事講求細節，對品質要求極高。慢狐步型老闆原則上擁有強烈的達標意志，能得到員工的高度尊重，大家都喜歡為他工作！然而，他有時看起來有點傲慢，因為相較於多數忙碌的老闆，他似乎總顯得一派輕鬆。

迪斯可狐步型老闆：最輕鬆的麻吉，務實又能合作

迪斯可狐步

迪斯可狐步（Disco fox）是一種歐洲狐步與美國熱鬧元素混搭的舞蹈風格，適合在戶外草地上的熱鬧舞蹈。迪斯可狐步除了轉圈和肢體交纏等基本舞步外，偶爾也會加入雜技的噱頭。

迪斯可狐步型老闆大多喜歡跳舞，他們很坦率，享受純粹的快樂，就像身邊最好的麻吉，和他們合作不需要高超的溝通技巧。他們隨時保持警覺，也容易溝通，願意給員工很大的自由空間。他們勇於接受跳戰，創意十足，也很腳踏實地。這種哥兒們般的老闆希望所有員工都能喜歡他，他喜歡輕鬆的人際關係，希望彼此像朋友一樣相處。但他們沒有自己的標準，時而麻木，時而又在狂妄和快樂間糾結，有時還真無法把持麻吉和主管之間的界線。

三種難以捉摸的老闆

Freestyle 型老闆：隨興不可測，混亂又無章法

> **Freestyle**
>
> 所謂Freestyle，就是毫無規則可言，「只要我喜歡，有什麼不可以？」沒有系統，也沒有結構。有些人使出渾身解數，有些人則站著猛甩頭，又有些人只有些微的肢體動作，舞出自己的風格。每個人都可以跟隨音樂，用自己喜歡的方式舞動肢體。這種舞風不一定適合雙人共舞，不過我也認識一起共舞的夫妻，雖然跳著各自的舞步，但一樣和諧無比……。

Freestyle型老闆一旦動起來，周遭所有人就開始找掩護。因為這種風格不可預測，難以捉摸。他們雖然能火速下決策，卻無法深思相對應的解決方案，總而言之，去做就對了。決定常常朝令夕改，變來變去。他常對自己的想法沾沾自喜，但大都是天馬行空、漫無邊際的空中閣樓。此外，這型老闆也無法針對目標下放權力給員工，

座右銘是：「天底下沒有不可能的事！」雖然這麼不可思議，但他確實有專屬自己的風格。

鬥牛舞型老闆：戲劇化的易怒性格，緊張而不安

鬥牛舞

鬥牛舞（Paso Doble）屬於拉丁美洲舞蹈，是一種非常具有挑戰性的舞風。男性舞者代表自信的鬥牛士，女性舞者則扮演鬥牛士追求的佛朗明哥舞者。鬥牛舞的特色在於緊繃的身體姿勢和強烈的肢體語言。每個舞蹈動作彷彿都要注入無限能量，產生一種張力，然後又在一瞬間釋放能量。舞者讓身體重心在特定時間落在一隻腳上，然後在舞池間不斷穿梭。這種舞蹈需要極大的空間，而舞者也必須經過相當程度的訓練。

鬥牛舞型老闆是純粹的戲劇化人物！猛烈的情緒瞬間爆發，極端的情緒起伏有如家常便飯。這種類型的老闆充滿自信但難以預測。員工們永遠搞不定他，他時而生

氣、時而情緒不佳、口氣差，甚至咄咄逼人。員工們如坐針氈，因為他易怒，但不一會又眉開眼笑。他的戲劇性張力不斷累積，但又在某些意外的瞬間瓦解，令人摸不著頭緒。此外，他也是個完美主義者，凡事要求井然有序。他非常勤奮、有抱負、主動積極、有研究精神、脾氣大、驕傲、有影響力、事業有成、有遠大的想法、果斷、堅強，同時也很有能力。

布魯斯舞型老闆：深度放鬆懶骨頭，缺乏想像力，無聊又痛苦

布魯斯舞

布魯斯（Blues）的特色就是慢、更慢。兩人緊緊依偎，從一隻腳移動到另一隻腳，同時以慢動作轉圈。布魯斯舞所需的空間極小，幾乎人人會跳。

布魯斯舞型老闆是名副其實的失敗者，他們消極、冷漠又無自信。他害怕衝突，也很難下決定。他給員工太多空間，因為他不設定界線。他對於原則問題難以招架，最後只能垂頭喪氣地舉手投降。他不喜歡承擔責任，因此只能死守著法條和規範行

事。他底下的員工只可能無聊至極，絕不會過勞，因為他不會過度要求員工，也不會給他們什麼壓力，也因此這裡蘊藏員工發揮領導力的最大潛能，關於這點我稍後會有更多的說明。

你的老闆屬於哪些型？

老實說，你的老闆屬於哪一型？當然現實中並沒有完全明確的分類，大多是混合類型，但可以約略歸納出主要傾向。

藉由以下測驗能幫助你判斷自己老闆的風格。陳述句若與你老闆相符，就記錄其下方的字母，最後統計各種字母的數量，就能判定老闆的舞風。相同字母愈多，其風格就愈一致。

老闆風格測驗

	情境	類型
1	我老闆的決定很明確，也會向大家說明決策方向。	B
2	我老闆經常問我的意見，因為他常感到不確定。	E
3	我和我老闆合作很輕鬆，雙方溝通順暢，並且彼此信任。	C
4	我老闆自認為是上帝，目空一切。	D
5	我一點都不覺得我老闆有在領導我。	E
6	我老闆可以同時掌握多項計畫的進度，隨時洞悉一切，不會出錯。	A
7	我老闆經常口無遮攔。	D
8	我老闆無法針對目標指派和交付任務。	F
9	我老闆對我的要求很高，但也會顧及我是否能勝任，以及是否得到所需的支援。	B
10	我老闆有時會竭盡所能和幽默地要求我，挑戰我能力之外的工作。	A
11	我很尊敬我老闆，因為他真誠地對待我，讓我有參與感，並重視我的意見。	B
12	我老闆有時歡天喜地，有時鬱鬱寡歡，情緒波動起伏很大。	F
13	我和我老闆彼此了解，也常一起（自願）吃午餐。	C
14	我老闆精力充沛、非常活潑，總是心情愉快。	A
15	我老闆有時也會親力親為，同時處理多項計畫。但不知怎地，他總能成功完成所有事。	C
16	我老闆很重視我們是否彼此了解。	C
17	我常必須提醒老闆重要的約會和期限，以免他忘記。	E
18	我老闆有時根本不知道我跟不上他的速度。	A
19	我的老闆脾氣暴怒。	D
20	我常希望我老闆能更主動積極一點。	E
21	我老闆完全不可捉摸，他常說：「誰會在意昨天的事？」	F
22	我老闆很有能力，他為公司做了很多事。	B
23	我有時很怕我老闆，常想要換部門或辭職。	D
24	我老闆根本不做計畫，直接做就對了。	F

老闆類型分析

A.騷莎舞型：他有很強的工作動力，總是帶著極高的興致完成大量工作。他不把工作當工作，而是視為樂趣。他混合了各種舞風的些許元素，混搭出有趣和令人興奮的組合！

B.慢狐步型：他很有自信、做事風格具一貫性、公平、透明、擁有專業知識，又熱心於社會公益。他會鼓勵員工，也願意放手讓員工承擔責任，打造尊重的工作氛圍。他激勵員工達到最佳表現，並與他們合作以實現公司的目標。

C.迪斯可狐步型：這型老闆還算可以！凡事講求和諧、以解決方案為導向、時刻保持好心情並關心員工。他會滿足員工的要求，願意傾聽意見。

D.鬥牛舞型：相當自律，對自己的合作型領導風格深感自豪。他是果斷且唯一的決策者，員工只是他達標的工具，他的字典裡找不到「員工滿意度」。

E.布魯斯舞型：天生的慢活性格，這類老闆經常拖延重要的決策，因為希望保持中立。他不承擔任何責任，放任所有事情順其自然。

F.Freestyle型：這種老闆無法被歸類到任何框架中，他無法預測——無論是正面或負面。因此，和他共事就如同跌入地獄一般。

將老闆舞風與哈佛模式對照，即可將具體的領導風格進行歸類，請見下方圖四。

- Freestyle型不列入歸類，因為不具任何領導風格。
- 布魯斯舞型屬於哈佛模式的左下方格，亦即「很少善意，極低專業約束力」的「放任型」，因為他對人、對事都不曾真正關心（很少善意——很少要求）。
- 鬥牛舞型也屬於下方方格，但他至少有更多的專業約束力，代表「獨裁型」的領導

圖四　與哈佛模式對照的舞蹈風格

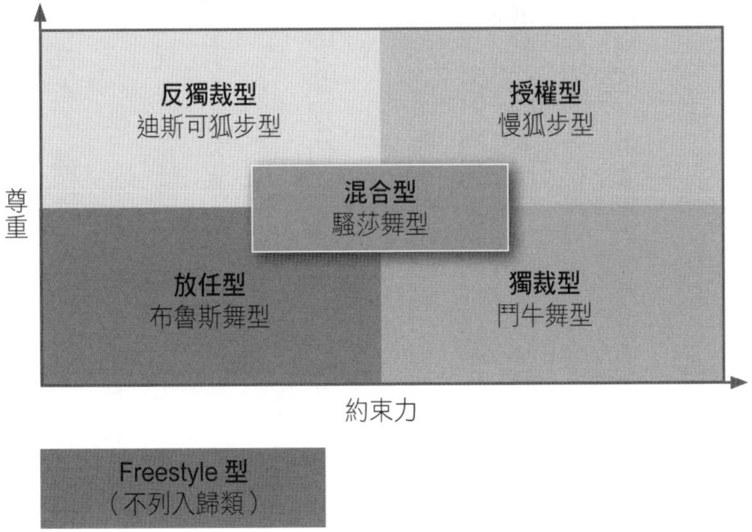

風格（很少善意——很多要求）。

- 迪斯可狐步型顯然是較優秀的風格，他在哈佛模式中，善意明顯比先前兩種風格高，可歸類為「反獨裁型」（很多善意——很少要求）。
- 慢狐步型肯定是頂尖的等級，因為他代表「授權型」，亦即「很多善意和高度的專業約束力」（很多善意——很多要求）。
- 騷莎舞型是典型的混合類型，他融合各種類型的些許元素，因此可歸類在哈佛模式的中間，因為他代表所有類型的一部分。

現在你應該知道你老闆跳什麼舞了吧！不過你喜歡哪一種風格呢？你們兩人的舞蹈合拍嗎？或許藉由這樣的比較，你才會明白為何自己總是與老闆格格不入，或是為何之前會與某些老闆關係不佳。如果你老闆是戲劇化的易怒型，常邀你跳鬥牛舞，但你實際上是出色且有自信的慢狐步舞者，那你們兩人的共舞肯定慘不忍睹。

前述六種風格，該如何分辨你自己的工作風格呢？很簡單，哪種風格最吸引你？你最喜歡哪種工作方式？

- 如果你的工作方式比較亂無章法，那你傾向Freestyle型。
- 如果你喜歡安逸，工作只是為了達成目的，那可能是布魯斯舞型。你喜歡低調和中性的打扮，不希望引起他人注目。你不喜歡承擔具體任務的責任。
- 你經常精力充沛，日常工作有如戰場一般精采，那你可能是鬥牛舞型。你喜歡做決策，且傾向當唯一的決策者，也很少關心他人。另一方面，你很驕傲、自信，但不喜歡妥協。
- 你務實又喜歡合作，那可能是迪斯可狐步型。和你在一起就有快樂，你經常保持好心情，總是在思考解決方案，願意傾聽，你是受歡迎的好同事。
- 你自信又從容，屬於完美的慢狐步型。你擁有高教育水平、懂得尊重、自律，也有堅強的執行力，具一貫性、公平、透明。
- 你在工作上的表現靈活又專業，那應該就是快樂的騷莎舞型。你沒有特定的行為模式，你接受事物原來的模樣。你多才多藝，對新環境的適應力極強。你最在意自己是否能樂在工作。

怎麼樣？哪種類型最吸引你？別忘了，你不可能一直跳同一種舞，因為那很無聊，偶爾也會混搭，但你應該看得出自己的主要傾向吧！想知道你的舞風是否能搭配老闆的風格、雙方能否和諧共舞，請參考下方圖五。

圖五　你與主管能和諧共事嗎？

		主管					
		Freestyle	布魯斯舞	鬥牛舞	迪斯可狐步	慢狐步	騷莎舞
員工	Freestyle	☺	☹	☹	😐	☹	😐
員工	布魯斯舞	☹	☺	☹	☹	😐	☹
員工	鬥牛舞	☹	☹	☺	😐	☹	☹
員工	迪斯可狐步	😐	☹	😐	☺	☺	☺
員工	慢狐步	☹	😐	☹	☺	☺	😐
員工	騷莎舞	😐	☹	☹	☺	😐	☺

符號說明

☺很好：各方面都很和諧，特別是相近的舞風可以合作無間，除此之外還會帶來很多快樂，因為速度一樣，想法一致，能互相了解。

😐還好：原則上不會有太大的問題，因為彼此調適得很好。可能其中一方希望踏出其他舞步，但眼前雙方的節奏適當，應該也能取得不錯的成績。

☹完全不行：兩人的合作總是格格不入。如果我跳騷莎舞，而老闆踩著慢條斯理的布魯斯舞步，基本上完全不合拍，但絕對有互相成長的機會和可能。

如何跟不同類型的主管共事？

面試時，或許無法問出老闆的舞風，但現在你可以自己觀察，你們的共事出了什麼問題。如果你知道老闆是什麼舞風，就能更了解他，並適當地調整自己。

主管難以預測，就降低自己的期望

Freestyle型老闆難以預測，今天這樣，明天那樣。昨天的約定，在今天有如過眼雲煙。另一方面，他們的決策過程很短、簡單，總是直接去做就對了。Freestyle型完成的工作，甚至可能比善於規劃者還多，但他們常把時間和精力花費在雞毛蒜皮的瑣事上。該如何自我調整以配合Freestyle型呢？

最好什麼都不要做，或是這麼說比較適切：將你的期望降到最低，一起迎接每天的新挑戰。最好的策略就是沒有策略。不過和這種老闆共舞，你反而有機會能引導他，只要別靠他太近，你就能針對目標制訂規則，讓老闆自己決定是否採納你的建議。另一個好處是，你不需要機關算盡，只需要明確且真誠地與老闆溝通，而這也是他對你的期望。坦承和誠實的反應、沒有限制或固定框架才是上策。

面對散漫主管，主動扛責

布魯斯型老闆就應該用力地搖醒他，但即使你這麼做，應該也沒什麼效果。所以與其試圖搖醒他，不如勇敢拾起舵槳，毅然扛起主導責任。嚴格監控各項進程的時間表、負責專案的進度、提出選擇方案、提醒老闆參加重要會議、給他解決方案並引導決策執行。給他勇氣，但不時還是要讓他覺得自己是老闆，他會很感謝你。但這時有人可能會問：「如果全部都要你做，那你為何不直接擔任主管職務呢？」是啊，為什麼不呢？

以忠誠應付獨裁主管

鬥牛舞型非常驕傲，認為自己是國王。他們是獨裁型決策者，不太能接受他人的意見。他們認為員工是執行單位，不該有意見，老闆比員工聰明多了。對他們來說，職務上的認同和強化特別重要，所以你要順著他那驕傲的自我，不時吹捧他在這職務上的存在感。當他確認你絕對忠誠時，才會稍稍鬆開手上的韁繩，這時你才有機會給他建言或提出解決方案；驕傲的老闆只需要下決定即可，這是他的職權，也是他樂於享受的地位表徵。但這是你的機會，在你想毒死他之前，找到切入他內心的機會。

每個老闆都有其切入點，但絕不能在其他同事面前這麼做，否則會讓老闆顏面盡失。打開你的眼睛和耳朵，在日常工作中觀察你的老闆，找到配合他節奏的方法，就能與他一起律動。絕不能明目張膽地引領他，他不喜歡這樣。

向務實主管，勇於表達想法

和迪斯可狐步型老闆共事應該會快樂一點！但也要看你自己是什麼類型。如果你自己是布魯斯舞型，那和迪斯可狐步型共事也不會有趣，因為太操了。對於迪斯可狐步型老闆，你可以大膽嘗試，勇敢提出創新意見，這類型幾乎有求必應，他會認真思考你的建議並付諸行動。和這類型的老闆共事時，你可以更大膽、直率地表達想法，通常成功的機會很大，也不會碰釘子。但如果你老闆過於「鬆散」，應該適度地提醒他。或許不要回應他的每句玩笑話，抑或是明確告知他下班後你不想跟著去酒吧。設定明確的界線，他不會責怪你的。

以開放、誠實態度回應高手主管

慢狐步型是所有類型中最有自信的老闆，他們很公平，會鼓勵員工，也願意放手讓員工承擔責任。所以你應該以開放的態度，誠實且透明地回應這種老闆。他們很重視真誠，如果你能誠實說出想法，熱情投入工作，他們會竭盡所能支援你。表現你的工作熱忱，老闆就會重用你！但如果你老是在他背後搞破壞，說他壞話，他也不會想和你共舞，因為他喜歡忠誠、熱忱和專業的團隊。

適時提醒快手主管放慢速度

騷莎舞型感情豐富，工作節奏快、忙碌。但長期下來，如果你感到壓力，可以放慢速度，稍微幫他踩煞車。你可以誠實、明確地告訴他，工作負荷太大，你已招架無力了。對他來說，先後緩急很重要。在你決定偷放安眠藥到他的咖啡裡之前，可以不時提醒他放慢腳步，他會試著調慢速度。但你提醒他的語調，要讓他感覺你還是很想和他繼續共舞，你依然很支持他的想法。

8 自我約定，從工作找出屬於自己的意義

我相信，你可能對公司或部門如何進步有許多創新的想法。但有人徵詢過你的想法或意見嗎？沒有。原則上，大家會繼續死守著短視又狹隘的老掉牙規定，或是公司自以為是的菁英在開會後制訂出的理論匯總，或是更糟，只由幾個大頭在安靜小房間裡交頭接耳得出的討論成果。他們從不問員工的意見，這些規定沒有緩衝的可能性，只有硬性規則，並隨著時間過去而與現實一一脫節。你心想：「反正沒人會在意，我又何必太求好心切？那就算了吧！真可惜，我本來有個很棒的想法，能夠幫公司省下很多錢。」

所謂的「自決工作」，就是不論工作的過程和方法，只論結果，這種方式對每個人都有好處。好老闆非常清楚這一點，他們讓員工不僅是人在公司裡工作而已，還讓他們願意為公司工作。即使你的老闆還不懂這一點，你也能自己帶動這樣的氛圍。不過很多老闆會害怕權限緊縮，或是擔心失去權力與威權，只有少數老闆願意將手中的

韁繩託付給員工。

我常聽到這句話：「唉，我不過只是這裡的〇〇。」各位，請立即將這句話從你腦中抹去，不要再矮化你自己，一個人在公司裡的職務，與其身為一個人的價值無關。公司職務只有讓你展現能力、專業知識、經驗和勞力的功能，該受到評價的是這些性質。因此，你和老闆是平等的，你可以這樣告訴自己，「這只是我做的一份工作，與我個人無關！」

每個人都希望受到他人尊重，能對別人產生意義。每個人都需要被鼓勵，至於工作所需的動力則因人而異：賺錢、養家餬口、快樂、自我實現……每個人都能從工作中找出一種屬於自己的意義。但有個先決條件，即我們所說的「自我約定」，只有你自己能讓自己快樂，不是合作夥伴、不是老闆，更不是物質財產——只有你自己。

老實說：當你與某人共舞時，當然會希望對方也能樂在其中，對吧？誰想跟沉悶、無趣、垂頭喪氣又無聊的舞伴在舞池中跳舞？所以你也會期望老闆同樣樂在工作、喜歡工作、充滿熱情。

你當然也可以期待，你的主管能支持他自己的決定，並給予你應有的支援。你也能期望，你的老闆能點燃他自己的熱情，也能點燃你心中的火。只有熱情的人，才能散播熱情並感染他人！你可以期待一個真誠、公平又有責任、不會只想躲在階級制度或規定後方的老闆。你也可以期待具有真正偉大特質、領導能力的老闆，但可以確定的是，如果老闆沒有領導能力，那就你來吧！

第2幕

跳吧——引導與跟隨

第三章

跳出和諧的工作節奏感

辦公室的剪刀石頭布遊戲增加了一個手勢：按讚手勢！

（緊握拳頭，拇指向上）

這是跳舞

雙人舞的美妙之處在於，只要動作巧妙，實在看不出來是誰在引導誰。觀眾只會看到兩人曼妙的舞姿。被引導的一方偶爾會有出錯，但只有專業人士能看出端倪。當然，被引導者也要隨時保持警覺，舞池裡有時人群雜沓，可能突然冒出幾個Freestyle型舞者，如果兩人都沒注意，碰撞在所難免。有時舞池也不像你想的那麼大，而且我們後腦杓又沒長眼睛，旋轉到渾然忘我之際，上一秒沒看到的牆壁便突然冒出來擋住去向。在這情況下，就連被引導的舞伴也必須即時反應，拉他一把。原則上，帶領的一方這時也莫可奈何，只能信任舞伴，順勢接受，在對方引導下華麗轉身。

這是工作

當條件不對時，沒人能進入心流，工作就無法順利運作。工作動力十足的員工是企業成功的支柱，主管應該信任員工。若公司充滿尊重、互相支援和鼓勵的氣氛，能力、工作分配與責任領域有明確的定義，個人發揮空間、自我成長和進修配套措施都具備，內部才能運作順暢，彼此和諧合作。別怕與老闆共舞，因為或許能藉此改善你的情況或工作氛圍！只有那些不信任員工的老闆，即使千軍萬馬也引領不動。

9｜與其抱怨主管，不如引領他

有些老闆讓人不禁想狠狠給他們兩巴掌，目的不是傷害他們，而是希望打醒他們！因為他們毫無作為：沒有清楚的指令、沒有自己的想法、沒有明確的規定。與他們共舞，注定是一場死亡之舞。你一定猜到了，那就是經典的布魯斯舞型老闆。但他們為什麼會這樣？這有很多原因。可能是因為他們不曾好好被主管帶領過，或許被企業的階級制度綁住了手腳，抑或是他們已經放棄，又或者因為他們不敢……。

但你的老闆也許是截然不同的風格，他積極主動，甚至還過度積極，可能天生優勢如此，就像騷莎舞型。有些老闆絲毫不關心員工，只在意自己，在電梯裡遇到員工也不打招呼，甚至可能不知道他們是自己部門的人，這種一定是頭抬得高高的鬥牛舞型。

你每天和老闆共事，必須面臨哪些挑戰，取決於你的老闆是哪一種舞風。如果你凡事要求條理分明，卻遇到沒有明確規則的老闆，那可就慘了；如果你喜歡獨立工作，面對一個不信任人的控制狂老闆，可能每天都會上演火爆的全武行。而我們本身的舞蹈風格，也會直接影響到我們與老闆的合作氛圍。

三明治主管的兩難

至於那些夾在中間的三明治主管，情況則更是兩難，他們必須經常在主管和員工之間切換角色，因為他們上頭還有老闆，也不時得承受高壓。我相信他們可能也常搞不清楚，自己什麼時候是員工，什麼時候是主管。

我認為很多人壓根兒不想當老闆，但工作使然，必須硬著頭皮接下管理職務，於是就成了所有人夢魇的開始。這種領導者通常很難（甚至根本無法）承受新的挑戰。從人性角度來看，很理所當然，但以職場角度而言，則完全不能接受。

一個無力承擔管理職務的老闆，如果舞池裡的人寥寥無幾，問題可能不大，否則他們可能經常被推到牆角，或是被人群擠來擠去。但如果舞池中同時有好幾個這種老闆，碰撞、跌倒、哀號聲肯定此起彼落，而身為員工的你也難逃池魚之殃。你眼睜睜看著問題如排山倒海一般襲來，但老闆絲毫不覺，於是災難一如所料地發生，或是老闆在最後一刻有驚無險地避開了。

若是後者，你可能必須以最快的速度，趕在會議開始之前修改簡報，因為檔案內容缺了重要資訊——要是老闆有良好的規劃和籌備，這問題早該在昨天就解決了。或者在你不知情的情況下，新商品突然到貨好幾百箱，而今天還有其他事要處理；或是老闆沒留下隻字片語，只在你桌上丟了一堆「事實上」前一週就該完成的緊急工作。

雖然我很不想這麼說，但這種老闆真的很無能。不過我也相信，多數領導者都是立意良善，很多老闆都具備優秀的領導品質，像我本身就認識很多卓越的領導者。只是有時善意在忙碌的日常工作中被消磨殆盡。就像我常說的，你的老闆也只是個人。

老闆的生活其實可以更輕鬆，但必須先學會放手。但是說比做容易，因為放手與信任有關。老闆放手的那一刻，就等於交出了控制權。對多數人而言，控制權等同權力或力量（或兩者混合）。多數老闆不懂何謂放手，畢竟身為領導者，應該盡可能掌握一切啊！如果老闆學會放手，而不是凡事一把抓，就是大度和自信的表現。

我跟各位分享一下自己的經驗，我的前老闆不信任員工的工作能力，因此常把相同任務分派給數個部門主管，只為了讓他們彼此競爭，並確保能得到自己最滿意的結果。他還不斷蒐集資料來對付自己的員工。我曾看過經驗豐富的資深經理，被老闆氣得全身顫抖地離開他的辦公室，就連我也被氣得瘦了一大圈。

久而久之，部門主管當然識破了老闆的詭計，當老闆又分派任務時，他們私下講定讓老闆得到相同的結果。我想這種老闆就算快要撞牆了，也沒人會想拉他一把……我實在不想把「沒教養」掛在嘴邊，但這種老闆絕對就是這樣的人。

與老闆和諧共舞的方法林林總總，我相信自己的辦法適用於幾乎所有類型的老闆！但該怎麼做？該如何順著節拍引領老闆？如何靠近他？該怎麼做才能有所改變？畢竟你無法改變你的老闆……還是說你可以？

一天到晚抱怨老闆的領導風格，這其實於事無補。請你專心配合老闆，必要時擔起引領的責任。試想，如果你遠遠就看到問題直撲（你和你老闆）而來，你能怎麼做？或許你早已有正確的解決方法。

透過自我行銷贏得信任，讓主管放手

如果你想（或必須）引領你的老闆，應該事先了解自己的（領導）優勢，因為你必須先讓老闆放手，亦即贏得老闆對你的信任。請透過以下幾個問題思考自己具備哪些能力和優勢，以及如何將它們應用在日常工作中。在哪些情況下你可以接手引導？界線何在？讓自己掌握所有可支配的舞曲清單是首要步驟。

- 你在工作上的哪些表現最成功？為什麼？
- 日常工作中，你最感到快樂的是什麼？最得心應手的是什麼？最覺得興奮的是什麼？
- 你如何評估自己在工作上的表現？用金、銀、銅來評估你在各方面的工作表現。你對自己哪些工作表現最感到自豪？為什麼？

再來，如何確定你適合引領老闆？

- 你喜歡你老闆嗎？喜歡老闆，才有動力為老闆扛起領導的責任。
- 你對工作有熱忱嗎？有熱忱才會希望事情朝向正確的方向運行。
- 你能打開全新的視野嗎？唯有全盤了解的人，可以掌握發揮正向能力的時機。

- 你有敏銳的觀察力並尊重你的老闆嗎？因為這樣老闆才會信任你，願意稍稍放手。
- 你善於團隊合作嗎？有團隊支援的人，面對問題時永遠不孤單！
- 你是重視解決問題的人嗎？若有心想解決問題，就會付諸行動。
- 你會告訴老闆自己需要的領導方式嗎？如此才會得到你需要的。

若要建立互信基礎，你必須讓老闆知道你有什麼能耐，以及在哪些領域能提供重要的協助。原則上你必須行銷自己，左頁圖六的自我行銷星盤可幫助你了解自己的優點與缺點。只需一張紙，就能進行前瞻性與策略性的自我行銷，讓你知道自己在哪些責任領域還有提升的空間。這同時也是一種自我鞭策，提醒你要主動積極、保持動力！這不是要自我吹噓，而是聰明、精準地自我行銷。

在自我行銷星盤中，你當然是中間的主角，四周則是強化、造就你個人特色的價值和領域，那些是能讓你安心的防護罩。在庸庸碌碌的日常生活中，我們常忘記重要的目標。但自我行銷星盤能幫助你重新掌握一切，不再迷失方向，使生活重心失而復得。

圖六　自我行銷星盤

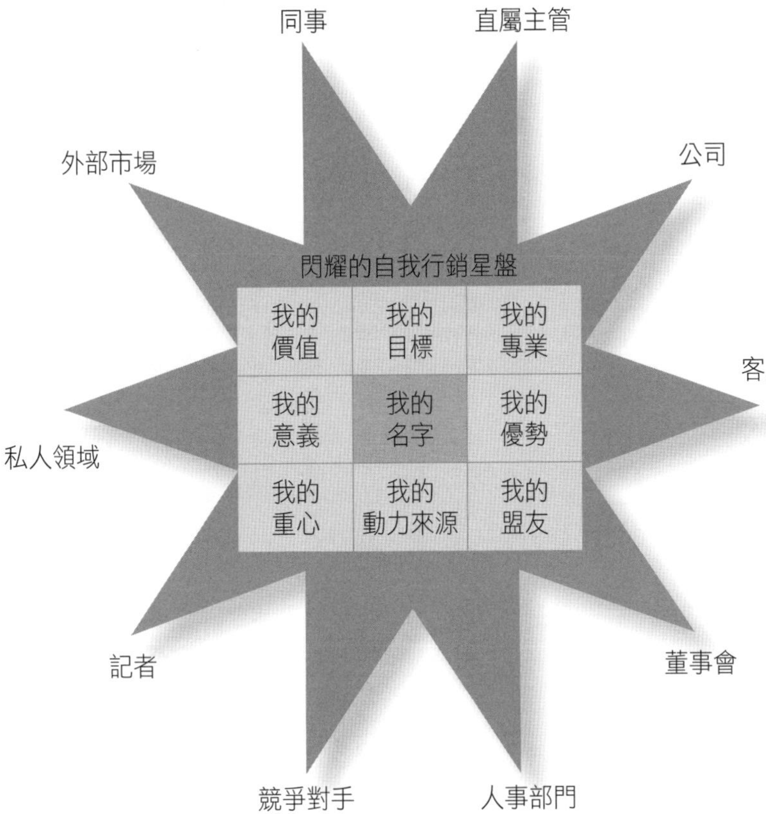
同事
直屬主管
外部市場
公司
閃耀的自我行銷星盤
我的價值
我的目標
我的專業
客戶
我的意義
我的名字
我的優勢
私人領域
我的重心
我的動力來源
我的盟友
記者
董事會
競爭對手
人事部門

- 你有哪些優勢？如何將這些優勢運用於工作？你的強項是什麼？你老闆知道你的哪些優勢？哪些他還不知道？
- 哪些目標你想在何時完成？促使你前進的因素為何？老闆該對你有何想法？
- 你為自己設定了哪些內容和專業重點？你在某領域的專業性愈強，就愈能引起他人對你的注目、接受和尊重。
- 工作對你的意義為何？你主要是為了賺錢，還是在追求某個特定的職涯目標？或是有更超然的目標（讓世界更美好）？
- 你所堅持的價值為何？你的價值和公司（或老闆）的價值一致嗎？請不要輕易妥協！

星盤的一切只跟你有關，與他人無涉。這是一個自我專注的過程，你可以隨時增加自己認為重要的領域：

- 公司裡誰是你的盟友？或至少讓你感覺不孤單。遇到問題你能向誰求助？誰能為你打開門？

• 誰是你的動力來源？你的休憩站？睡眠、休息、瑜珈、沙發、慢跑、朋友、家人……。

最外圍的星星光芒，是你透過自我行銷對「目標族群」產生的影響力。該如何做，才能不僅建立與老闆間的互信基礎，還贏得公司其他同事的信任呢？可能是向老闆或在小組會議中提出創意想法，或是在公司刊物上發表文章，也可以是在會議中條理分明地表達意見。其實自我行銷的方法琳瑯滿目，可以讓老闆看到你的能力。

但重要的是，你必須盡可能精準地「操控」他，這其實已經是自我行銷的高階課程，星星的光芒也必須精心設計。如何影響老闆？你想要展現什麼亮點？全世界的老闆一眼就能看到你，因為你不僅具備專業，還非常有魅力！你有強烈的自信心和高度的自我安全感，並且非常清楚自己的優勢。

此外，有魅力的人也是表裡如一的人，亦即無論在哪一種層面上，他的基本行為與內在信念、天賦、價值相互呼應。這也是許多老闆中意的點，因為他們希望找到值得信賴和託付的員工。如果你還能稍稍善用自己的魅力，那就更完美了，因為幽默和積極態度絕對是一大加分！

以「為老闆分憂解勞」為原則

如果你老闆領導無方，那你就該出手相救。這不是以下犯上、不是反叛、不是革命，而是基於專業和正常的人類理性。想一想，在特定情況下如何協助老闆？他需要什麼資訊？因為老實說，老闆絕非萬能，每位員工偶爾都該花點時間思考，自己如何以最佳的方式輔佐老闆。每位員工都是服務人員，專業是「為老闆分憂解勞」——無論在哪些層面。

「為老闆分憂解勞」這概念馬上讓人聯想到祕書工作，但其實範圍更廣，幾乎無所不在。符合需求又能精準為老闆分憂解勞，主要是指從前瞻角度與老闆一起思考未來策略、保持冷靜頭腦、掌握一切動靜……如前面所述，我喜歡稱之為「服務工作」。但這絕不是無視整體性和目標，把老闆不想做的工作全丟給員工，讓他們代勞。別以為我們還在「來吧！你可以做到，你學過了啊！」那種年代！

「為老闆分憂解勞」原則是建立在相互性和夥伴基礎上，包含了高度的信任、忠誠、誠信和謹慎。企業或部門目標是核心要素，先決條件是在合作基礎上，實現資訊和制度的高度透明化，明確分配責任和任務，並維持互相尊重。

想符合需求又能精準為老闆分憂解勞，前提是員工必須能參與思考，因為參與思考等於共同掌舵！這也表示你擁有明確的行動和決策空間，你的責任範圍有清楚的劃分，代理規則、階級制度或組織內部的結構也是明確的。這一切都該有清楚的定義，最好詳細寫在職務說明中。

在開始工作前，你花了好多年學習專業能力和人格特質養成，這很好，也請善用這些能力。然而，想要有效率地為老闆分憂解勞，除了經驗和知識以外，你還需要一些重要資訊，才能更了解企業內部的程序。在模範企業裡，這些資訊都是透明公開的，可以在公司內部網路找到，或是公司會舉辦適當的策略活動，向員工宣導企業目標和方向。

和老闆共舞時，如果你不知道舞步或不知該跳哪一種舞，老闆就必須花費很多力氣來引導你。如果大家熟悉舞步的程度差不多，知道下一步該如何回應，這支舞跳起來就輕鬆多了，而經驗老到的公司和主管深知這一點的重要。不過我必須先聲明，以免你誤會，我不是要你在電梯裡與老闆偶遇時，大談特談自己的想法，甚至大言不慚地告誡他可以改進之處；也不是要你出席公司下一次的策略發展會議、指導委員會或下一屆的董事會會議。這裡純粹是指你和同事、老闆活動的工作空間或跳舞空間（稍後會有更多說明）。如果不請自來就想為大局獻策，可能會被視為干預或越權。所幸現在不少企業常舉辦創意蒐集活動，讓每位員工都能參與，一起腦力激盪。

所以你應該像往常一樣處理日常事務，此外再發展與老闆更專業合作的潛能，而這項潛能應一〇〇%來自於你！當你能參與思考、獨立取得必要文件或準備好資訊去協助老闆，讓他能專注於自己的任務，便能促進兩人和諧的相處。你可以利用經常性的組織流程，檢視自己的效率和效益。由於習慣是經年累月養成的，有時人會貪圖方便而沿襲以前的一貫辦法，畢竟「一直以來都是這麼做」，但請務必確實檢驗例行工作是否有與時俱進。若能展現尊重的態度，表達適當的改進建議，同事應該會很感激你，並樂於接受建議，如果被主管發現或追問，那就更好了。然而，別人若不接受你的建議，或將你限制在你的責任和能力領域中，又該怎麼做？在左顧右盼找尋新舞伴前，你可以嘗試直接說出自己的想法或與同事討論；如果你願意冒險，就直接依照自己的方法去做，然後靜觀後續發展。如果這些都沒發揮作用，就繼續等待機會出現。

10｜劃清公私界線，捍衛發揮空間

在電影《熱舞十七》（*Dirty Dancing*）中，舞蹈老師強尼特告訴少女法蘭西絲，跳舞時每個人都需要一定的空間，「這是我的跳舞空間，這是你的跳舞空間。」對企業的員工而言，界線分明的個人活動空間特別重要。我們可以在自己的跳舞空間裡自由活動，如果沒有這樣的空間，或是空間太狹窄，老闆還不時從背後偷看或將員工的責任一一剝奪，這樣的工作根本毫無樂趣可言。但公司的實際情況如何，身為員工的你擁有多少個人空間，肯定也會因為老闆舞風不同而有所差異，但原則上一間企業愈大，個人空間就愈小。

員工常因為資訊不足而沒有安全感，他們不知為何而做或要不要做。員工們會怕經濟情況瞬息萬變，他們不確定自己的工作或這家公司明年還在不在。為何不讓員工多參與公司事務？透明化和充分溝通將有助員工了解企業。

成功老闆背後總有強大的員工，因此我深信「強化員工就是壯大公司」。想讓員工快樂其實很簡單，大多數員工只希望能被看見、被重視、有盡一己之力的機會。我們不是常說員工是公司最重要的資源之一嗎？因此公司應該尊重每位員工，發現他們的潛能和天賦。主管應該成為員工的榜樣，以身作則，以可靠、真誠和自信的方式為公司做出貢獻。

正向的工作氛圍是企業文化不可或缺的一環，因為我們一天絕大多數的時間都在公司裡。此外，公司追求能力表現、工作滿意度也是一種良好的「失敗文化」，因為這樣員工就能從錯誤學習，進而自我提升。這必須要以「落實回饋文化與良好溝通」為基礎，必須人人願意開口——包括員工，這個機制才會有效。衝突只會耗損大量的工作時間和能量。

無論是私人或職場生活，我們的跳舞空間——亦即個人活動空間——總是與他人交疊，包括家人、朋友、同事及老闆。我們常感覺自己的空間受侵犯，就是因為與人太靠近。舉個職場的例子，老闆在下班前交代一件額外的工作，隔天早上一定要完成，完全沒有討論的空間。他不在乎你是否還有其他工作要做或如何做，總之就是要你加班，別囉唆。但你晚上或許已有別的計畫，可能是得準時下班去幼稚園接小孩。老實說這種情況經常發生，而你總是以工作優先，承受一次又一次的委曲求全，直到家庭和婚姻亮紅燈。會造成這樣的局面，都是因為你完全沒意識到老闆如此惡待你，或是你其實知道，但不敢反抗，因為害怕丟了工作。

運用「跳舞空間」工具，為工作與生活重新定位

「跳舞空間」工具能幫助你設定你與他人間的界線與可重疊部分。它能讓你看清人與人之間的相對位置。透過圓圈呈現複雜交錯的關係，藉此看到別人越界進入你個人空間的程度，唯有清楚意識到誰入侵你的跳舞空間到什麼程度，才能有所反擊，並決定想容許什麼人和自己有多大的交疊空間。這也適用於職場上的行為空間，亦即你的自由活動空間。你能承擔哪些責任？哪些決策屬於你的職務範圍？你在工作上的自決程度有多高？有時若能將各種情況或關係攤在桌子上，就能更知道自己的定位。

「跳舞空間」工具的使用方式如下：準備幾張不同顏色的紙卡，然後裁成圓形（使用隔熱墊或玻璃杯墊也行），根據你想表現的活動空間，它們可以有不同的大小。首先，從這些紙卡中選出最大的圓圈代表自己，放在桌子上；其次，選出另一個

代表某特定人物（像是你的老闆）的圓圈，然後將它放在緊鄰你的跳舞空間旁；接著依序加入小組與部門同事，以及代表你生命中重要人物的圓圈。哪些人的圓圈與你的交疊？你還保留了多少自由空間？你有何感覺？通常這時你就會發現，如果自由的活動空間太小時，當事人只能呼吸到稀薄的空氣。你可以透過這些圓圈了解自己目前的實際情況。

接下來，思考要重新配置哪些圓圈的位置：要把誰放在哪裡？你允許他們與自己的私人空間有多少交疊？這是你的個人跳舞空間，那是老闆的，全由你決定。在你的（職場）生活舞台上，你想與誰共舞？你們的距離能多靠近？你還想繼續跟這個人跳舞嗎？許多人經過這樣的分析後，才意識到自己的人際關係有多複雜、自己的個人空間多年來竟被他人嚴重越界。偶爾以綜觀的角度檢視自己的生活，親眼看看自己與他人交織的複雜人際，這是很值得的。

完成分析後，接下來就是執行成果。例如：若你不曾擁有過自己的跳舞空間，現在該如何創造這個空間？勇敢去爭取吧！我們仍以前面的範例說明，也就是你老闆不時越界剝奪你的個人空間，不時無理要求你加班。如果你只是私下咒罵、完全不反抗，並且繼續照做，結果自然也無須訝異，這種情況將會變得更理所當然。

最有效的遏止方法就是設定明確的界線。或許可以用點小心機，例如：你可以在一大早就告訴老闆，自己今天必須準時下班；或是星期一就提前詢問老闆這週的工作安排，好讓你能事先安排小孩的接送問題。這些是你有權也應該討論的議題。別擔心，你的老闆久了就會習慣。你愈常這麼做，若是有需要你加班的緊急工作，老闆也會愈理所當然地提前告知，或是先跟你討論，將這工作安排在週間的其他時間。若老闆不這麼做，甚至藉此揶揄你：「是喔！家裡沒爸媽就不行了嗎？」那你真該好好思考，是不是應該另擇良木而棲。

你可以找個時間和老闆談談，彼此的合作關係應該如何調整，然後決定這種調整是否能滿足你對於彈性工作的需求。許多企業都有彈性的上班時間制度，如果你老闆不這麼做，你大可勇敢提出要求，例如：「星期二和星期四我必須準時五點下班，其他就可以比較彈性。」

如何讓老闆尊重你的跳舞空間？其實就是不時提醒他界線在哪裡。如果你已經明確告知老闆，自己每個星期二和星期四都必須準時下班，接下來就是貫徹「一致性」。藉由周而復始的一貫性行為，讓老闆明白你的界線何在，「老闆，您知道的，今天是星期二，我必須準時下班！」但請一大早就說，以便早一點提醒老闆。

運用跳舞空間工具，你可能清楚意識到自己的自由空間太狹小了。該如何擴大呢？一旦你發現了這情況，自然就會知道該怎麼做。舉例來說，可以是取得信任並積極爭取更多自由空間，「老闆，我已經做了這計畫的初步研究，現在我們可以直接執行了。」當你愈常主動參與思考，並且獨力完成必要的行動，久而久之，你的跳舞空間也會隨之擴張。原因很簡單，老闆愈來愈依賴你的參與。

但如果你是因為換了老闆，導致跳舞空間被限縮了，又該怎麼辦？其實就是重新取得信任。若你老是在新老闆面前說：「但我以前都是這麼做的！」我敢保證你的跳舞空間絕不會增加。新老闆對你的能力和經驗一無所知，一開始當然不會輕易冒險，因為他自己也必須先坐穩這個新職務，證明他的能力。因此，你應該爭取信任，展現更積極的態度和工作能力，例如：你可以詢問老闆，這麼做是否符合他的要求，或是他期待你怎麼做。與老闆一起為你自己創造更多空間，也能減輕老闆的壓力。

11｜人都會犯錯，從錯中學習才重要

我在某企業的財務部門工作時，我們每年秋天都要製作一份整個集團的年報，其中包括了五年預測、前兩年的報告，裡頭全都是密密麻麻的關鍵數字，簡言之就是「一大堆工作」。年報內容由主管審核後，就會寄給美國的集團「大」老闆。那一年我們的時程安排非常緊湊，每個人都十分努力工作，連續數週日以繼夜趕工，終於完成這龐大的工程。到了寄出報告那一天，快遞收件人員已經抵達，只差印出封面並裝訂就大功告成，大家舉杯慶祝！

兩天後，我老闆（也就是財務董事）點名要我進他辦公室。我腦裡只有一個念頭：「獎賞。」畢竟我們完成了偉大的任務，但我實在高興得太早。我老闆把那本數字報告遞到我面前問：「哪裡錯了？」我完全糊塗了，「咦？不知道，我必須研究看看，但應該都沒錯……。」我又是困惑，又是結結巴巴；但他接著說：「你根本連翻都不必翻！這裡哪兒錯了？」我瞪著眼前這本可惡的報告書，一臉無助又驚慌失措，

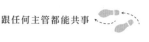

突然間我驚覺到，封面上的年分沒改！我老闆忿忿地將報告重摔在桌上，顯然他也被美國大老闆臭罵了一頓。

我在達標前的最後一刻犯了天大的錯誤，因為封面最後才處理，沒有人檢查。大老闆不想看這本「去年」的報告，而且暴跳如雷。即使只需更換封面，我們仍必須再寄一份全新的修正版。接下來的數週，我一直處於驚嚇的情緒中。天啊，真是丟臉！

幾個月後，我才正式與老闆談起這事件。我告訴老闆，自己從這事件中得到了教訓，為避免以後再犯，已經做了一份檢查清單，保證不會再出錯！老闆當時的回答，我永遠也不會忘記，「我不相信，只要是人偶爾都會犯錯，我承認當時自己的反應也很強烈。不過你現在站在我面前所做的一切，已經證明你有很大的進步。從錯誤中學習才是最重要的。你做到了，我也是，我很感謝你。」於是我的世界再度恢復平靜。

落實錯誤管理，幫團隊改進與成長

檢查清單有很多好處。例行工作或定期作業可透過檢查清單提升品質，降低出錯率。現今的日常工作中少不了急迫和巨大的時間壓力，因此大大小小的錯誤可能因此趁虛而入。錯誤當然不被樂見，也不該發生。然而，萬一真的犯錯了，以後請將這種情況視為學習機會，啟動主動式錯誤管理，並進行分析：

- 為什麼會發生？
- 如何發生？
- 未來該如何改善，才能避免再次發生相同的錯誤？

請你真誠地與老闆討論，並一起分析情況。到底是因為資訊不足？錯估情況？時間不夠？純粹疏忽，或甚至是草率行事所致？你也要讓老闆重視錯誤管理，才能避免錯誤。讓老闆參與管理和分析錯誤的程序，以確保團隊或其他部門重視錯誤檢討。同時你也能藉此向老闆證明，自己很重視錯誤管理。

12 「互補式領導」比「向上、向下管理」更好

兩人共舞時，為營造美好的感覺，得到安全的支撐，透過溫和施力引領對方，舞伴的雙手會接觸到對方的手或身體。在工作上也是如此，別擔心，我不是要你去牽老闆的手，那就太離譜了，這只是一種比喻。

- 領導者應該表現尊重、信任、引導、鼓勵、認同。
- 被引導的一方應該動積極、投入、快樂、勤奮、接受。例如：與他人合作時，我會主動說出自己具體可以完成的目標。至於對方要做什麼，他們自己必須知道。我也許可以操控一部分或嘗試引導，但如果對方不配合，總還是有其他方法。總之我很彈性，至於為什麼「保持彈性」這麼重要？我在後面章節會有詳細說明。

現在你可能會說：「好吧！我都知道了，但老闆並不了解啊！我遵守本分，他卻都不明瞭。」沒錯，但我還是要再說一次，我們只能改變自己，無法改變他人！雖然很可惜，不過這是事實，又能怎麼辦？然而，若你從自己開始改變，轉換對工作或老闆的態度和想法，一定是值得的。

一旦你願意從自身開始改變，最終就有機會讓系統的某個角落鬆動，進而一點一滴改變。你的態度就是你的力量。當老闆和員工彼此伸出手，確認兩人之間的合作關係時，就應該彼此認真對待。因為當唯有雙手互握，合作無間，才能為雙方創造最大的滿意度。

當個不居功的協助者

是的，每個人都想隨著搖滾樂起舞，讓快樂達到尖峰，但實際上沒那麼簡單，因為這關係到和我們跳舞的對象。在職場上，當我們能主動發揮能力、參與程序與承擔責任時，顛峰的快樂也隨之而來。然而，我們只有在受到對方重視，優勢和潛能也被認可時，才會樂意說出心裡的想法，並且願意接受引導。

如果你的老闆無法正確地引導你，請立刻接手引領！因為如果長時間無法自決行動和工作，你會逐漸失去動力、自信、熱情與工作的快樂。

但若非必要，你只該是從旁協助，因為你並不希望完全接手管理職，純粹是協助者，採取一些修正措施，直到老闆重新接手引導。因為我們並不想幹掉老闆，反而是希望老闆能振作起來，然後不免俗地奉承一下，「都是老闆引導得好，是他引導我完成任務。」

你聽過「向上管理」嗎？但我必須說，無論「向下管理」或「向上管理」，都不是最好的管理方法。我認為「互補式領導」才是完美的工作模式。大多數員工喜歡被引導，希望在工作上有人指引方向，因為這會讓他們有安全感；但同時他們也希望能善用自己的專業和經驗，與老闆及團隊合作。就像跳舞一樣共同創造突破，可惜許多企業不懂得善用這項潛能！

請記住，只有你自己可以決定與誰共舞、跳什麼舞，以及要與老闆一起撞牆或即時拉他一把！

第四章

與任何主管合作順暢的八通則

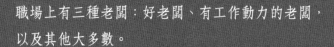

職場上有三種老闆：好老闆、有工作動力的老闆，以及其他大多數。

這是跳舞

舞者在舞池中有很多種表達方式，像是微動身軀或扭腰擺臀，展現古怪的舞步。此外，所站的位置也隨心所欲，想直接站在中央或遊走邊緣都行。你可以跳交際舞，大膽嘗試拉丁舞，或是自由發揮隨意舞風。只要你願意舞動身體，舞蹈就是情緒的表達。你的身體被音樂驅使和迷惑，手腳忍不住隨著音樂律動，彷彿乘著音樂飄蕩，頭腦放空。你可以陶醉在樂聲中獨舞，也可以與人共舞。你們溫柔地緊握雙手，彼此信任地依偎在懷裡，或是保持完美的距離。你們的唯一關連就是跳舞，而且是依照各自喜歡的方式。人生如跳舞，舞出什麼風采全取決於你。享受吧！

這是工作

大多數人不認為自己能樂在工作，並覺得工作是重擔。我常聽人說：「我只想趕快把工作做完，拋在腦後。」這句話與「工作如跳舞」根本是天壤之別。但我仍要呼籲，若你現在不覺得工作像跳舞，那麼樂在工作就像緣木求魚，請付諸行動加以改變！主動出擊，找到能讓你樂在工作的方法。問自己，怎麼做才能讓你滿意？沒人說人生是一場派對，不是每個人都能像約翰．屈伏塔一樣會跳舞，只要你滿意就能停止改變。如果你對現況感到痛苦，或是想繼續自我發展，那就尋求支援，試圖改變！

13｜表現尊敬的基本態度

他是老闆，你必須先接受並尊重這個事實。他有發言權，他是金主，他有「權力」，這是公司的等級制度，不容被撼動。若無法屈就自己聽從此人，那你來錯地方了，或許應該考慮自立門戶。如果你不喜歡自己的老闆，就不應該與他共舞！想要與老闆和諧共舞，最低程度必須要對他有好感，如果能欣賞、認同他的領導能力，那就更完美了。你可以期待，你老闆在工作時至少盡可能表現基本的禮貌。當然，要是你們的波長相同，能互相尊重，就再好不過了。

每個人都值得被尊重——無論是員工或老闆。然而，如果我們都看不起自己，整天忙著處理本身及生活大大小小的問題，哪有餘力欣賞或認同別人？在這種情況下，我們很難將目光從自己移到他人身上，遑論主動關心他們。

大家肯定都聽過這句話：「你希望別人怎樣對待你，你也應當怎樣對待別人。」這是我們終身受用的智慧。一旦你開始運用它，立刻就能創造先機，因為你以身作則，引領他人。原則上你會得到類似的反應，雖然不一定是馬上，也不一定是每個人，但大多數人都會。

如果你有禮貌、親切、友好，別人大多也會投以相對應的回饋；如果你心情惡劣、不友善或狂妄自大，那麼別人對你惡言相向，你也不用太過訝異。這種現象稱為「共振」，可說是「物以類聚」的概念。因此，你是否受他人尊重，全然取決於你自己。如果你在同事圈裡保持敏感，讓個性拘謹的同事也能參與各種活動，你會因此得到同事的尊重。如果你對主管或同事友善，即使並不是特別喜歡他們，也能因此贏得尊重。簡言之，若你尊重別人，遲早也會贏得他人對你的欣賞和尊重。

反過來說，老闆尊重員工也很重要。如果老闆不把你當人看，只將你當作命令接收器或工作機器，這樣根本不尊重你。如果老闆不尊重你的專業，你應該自己爭取，像是使用第三章提到的自我行銷星盤。

想與上司彼此尊敬、和諧共舞的話，可參考以下幾個建議：

- 尊重的基本先決條件是接受和寬容。你愈尊重自己和他人，就能得到愈多的認同。你對待他人愈尊重，得到相同回應的比例就愈高，因為你先以身作則。

- 尊重你的老闆，聆聽他。他想告訴你什麼？將你的回應和感受透過「我訊息」表達出來（請參閱第一章）。
- 生命很美好、絢爛，又充滿多樣化。接受並享受它帶來的快樂，工作也是如此。當你身陷困難時，我的辦公室座右銘或許可以給你力量：「不要生氣——只要讚賞。」寬容別人和自己的錯誤，讓大家都輕鬆一點。
- 如果你已經以身作則，用尊重的態度對人，卻得不到對方相對應的回饋，不妨主動對談：「我有時感覺您對我的工作不是很滿意，是這樣嗎？」藉由這句話與對方真誠對談，你可以提出很多問題。
- 如果你盡了一切努力，仍得不到他人相對應的回饋，請記得保持第一個舞步「表現尊敬的基本態度」然後思考：「我可以繼續這樣與他共舞嗎？還是應該另尋舞伴呢？」

14 找出雙方共同的節奏

你只能保證完成自己的那一部分，畢竟你能夠改變自己，卻無法改變他人（不過你可以溫柔地引領對方）。當你試圖配合他人時，需要同理心、直覺和全新的觀察能力——如果有第六感或是預知未來的通天本領也不賴。姑且不管跳起來是否快樂，每個人的節奏都不同，老闆也是，但這也不是大問題。每個人都是以自己的角度看世界，不同的角度創造各種新的可能性。不論是共舞或合作，兩人都必須互相依賴，才能達到和諧。

該怎麼做呢？就是傾聽對方、感受對方。你的舞伴也期待你這麼做。我的（新）老闆是哪一種類型的人？他重視什麼價值？他的重點是什麼？認識他，了解他，與他交流。當你找到這些問題的答案以後，就已經成功一半了。

15｜幫主管就是幫自己

每個人都會犯錯，跳舞一不小心也會有腳步凌亂的時刻。跳錯時，在舞池中該怎麼因應？通常會視而不見、掩飾或修正。舞伴間很少會因為舞步跳錯而當場激動爭論，直接在舞池中央互相指責。反之，他們會若無其事地繼續跳，彷彿什麼事也沒發生。但各位千萬別誤會，並不是要你們掩蓋老闆造成的麻煩，把它們全掃到地毯下面，絕對不是這樣。一個團隊至少有兩個人，他們可以相互加乘和不著痕跡地互補。但如果犯錯次數太頻繁或太刻意，兩人就該好好談談。畢竟積極輔佐老闆是你的工作，其中也包括「點出他的不完美」。

我覺得「不完美」聽起來很好，因為我們不需要完美，也無法完美。沒有人是完美的，你的老闆也不是完人，他參加重要會議時手心也會冒汗，開會也常遲到。有關應付老闆各種狀況的方法，我們會在下一章介紹。

團隊的另一目的是彌補缺點、發揮優勢。但若要有效地為老闆分憂解勞，你必須具備一些先決條件，像是經驗和專業知識。如果你的舞步還不夠嫻熟，自然也無法不著痕跡地矯正或避免錯誤。你必須了解企業事務和流程，並具備良好的溝通能力和專業能力。如果你想巧妙地彌補小錯誤，首先應該與主管或老闆討論問題。當你具備上述條件，就能提供相對應的服務，而你的老闆也會完全信任你。同樣地，老闆也有義務彌補你在組織內外的不足之處。

16｜適時分享意見與讚美

無論在學校、考試、實習、工作，我們一生都會因為自身的不足而受到指責，「你怎麼那麼愛講話」、「你的數學很爛」、「你不適合這個工作」……但我們很少談論自己的優點。

考汽車駕照時，有人說我很注意路上的行人，是個優良駕駛。你可以猜猜，目前我是怎麼開車的？直到現在，凡我車子所到之處，附近的所有行人都還活得好好的！這被我們稱為「正增強」或「從正增強中學習」。

「吝於讚美」和「缺乏動力」之間確實有關連性，當我們犯錯時，別人會抱怨、發牢騷。但當我們完成一項艱難計畫，或是員工在公司遇到銷售危機時願意共體時艱，卻聽不到一句「感謝」。

德國柏林自由大學的研究人員發現，人類的大腦對讚美有強烈反應，甚至對虛擬式的認同也是如此。那是大腦中的伏隔核（Nucleus accumbens）對讚賞產生反應，科學家們記錄了三十一位受試者的腦電波。[①]當我們在社群網路上收到正向虛擬評價時，我們的自我會感到高興，那甚至是可以測量的。收到愈多讚美，伏隔核的反應就愈積極。

當我們想要被讚美、受到重視和認同時，內心就有了期待，每個人都暗自等待又等待。如果不想望穿秋水，你會發現通常得有人先起頭，原則上期待不會自動產生作用。你必須先開始給予回饋，老闆曾經做過哪些好事？哪些行為值得讚許？工作表現如何？不過得到讚賞之後，也不能就此怠惰、自滿，因為你若想要變得更好，就要更努力學習。

反饋最重要的一點，是要取得對方的同意，「如果您願意，我很樂意提供意見。」但只有在你的反饋有所助益，能使對方未來變得更美好的情況下，反饋才有其意義。

請仔細觀察被稱讚者的後續反應，或是在他們身上引起的效應。讚美總是能引起正面的愉快情緒。被讚美的人會感覺飄飄然，有些人甚至會感動到必須偷偷拭去眼角的淚光。你肯定也有過這種經驗：某人誇張地讚美你，並未讓你會心一笑，反倒覺得尷尬，甚至還懷疑那個讚美的真實性。情緒具有不可思議的力量，我們應該善用它。

在你遇到棘手問題，它會為你注入加持的新鮮能量。讚美人就是為人增加力量，讓他擁有好心情。保持好心情是工作滿意的基本先決條件。來吧！就從發送「讚美小卡片」開始。

你自己也是每天努力工作，希望把事情做好、做對，完成工作。別忘了讚美自己一下！不是老王賣瓜，只因為你值得！

不過可別因為你再次自願清理團隊的洗碗機，就期待得到別人的歡呼，事實上它並不屬於你的工作範圍。

即使你的以身作則尚未得到相對應的回饋，也可以直接要求別人提供反饋和讚美。舉例來說，你可以陳述事實並提出以下問題：「老闆，我們這計畫有了很大的進展，雖然一路上經歷了各種挑戰，但現在就快要完成了。我們是不是很棒？」或是直接告訴老闆：「您給了我許多改進的寶貴建議，我也確實去實踐了。不過偶爾我也希望得到您的讚美。請問我有做了哪些符合您期望的事呢？您喜歡我的哪些工作表

① 作者注：漢堡晚報（*Hamburger Abendblatt*），二〇一三年九月三日發行。

現？」別忘了要以友善的語調與老闆溝通，如果其中有任何諷刺或影射，老闆原本想讚美你的念頭就會立刻消失。

如果想得到老闆建設性的回饋，也能直接索求。你可以說：「老闆，我發現過去這段時間有些事我沒處理好，沒有達到您的期望。我想跟您針對這方面好好談一談，好讓我能修正自己。」總之，讚美和正向回饋不能平白獲得，必須有其正當性才行！

17｜善用語言與非語言的溝通

對話，對話，再對話！這是本書最重要的建議之一。對話一定能有所助益，無論是在婚姻、親子、工作或鄰居關係上。對話可以避免衝突，當然，有時對話也是衝突的導火線，不過關於如何處理衝突，我們已經在第一章討論過了。這裡主要說明對話的正面作用。

只有在對話時，雙方才有互動，但對話只是溝通的其中一種層面，而溝通不一定是直接的。原則上溝通有兩種方式：語言和非語言。語言溝通是人與人之間用語言對談或對話，以對話內容、語氣、說話速度和語句選擇為基礎。而非語言溝通是以身體語言和行為做為基礎的對話，包含了身體姿勢、動作、敏銳度、眼神、手勢、臉部表情和呼吸。著名以色列默劇演員薩米．摩爾休（Samy Molcho）指出，資訊的傳播只有二〇％來自語言，其餘八〇％來自非言語。這說明了為什麼說者與聽者之間，有時總存在著極大的差異。

增進雙方理解的溝通三步驟

1. 沒聽進去

溝通的第一個步驟就是「表達」。我們在表達的同時，也要注意老闆是否確實聽到自己所說的，傾聽是項重要的基本先決條件。

2. 聽進去不等於了解

溝通的第二步驟是「對方了解你所說的」。你剛剛所說的話，老闆不一定真的了解，其中或許有誤解，或是他剛剛正在想別的事。正常情況下，對話的一方會給另一方回饋，讓對方知道他了解或不了解對方的意思，像是點頭、不置可否的輕哼、聳肩等反應，可能還會搭配幾個問題。

3. 了解不等於同意

當對方聽到了，也了解你所說的，接下來就是溝通的第三步驟。你希望對方能同意自己所說的。但（可惜）這並非理所當然，你必須再加把勁說服對方。

每次的溝通都建立在內容層面（理性、客觀資訊的交流）和關係層面（情緒、有意識和無意識的感受）的基礎上。透過溝通接收到的資訊會被我們儲存起來，並影響我們有意識和無意識的行為。人類的行為、彼此或單方面的態度和想法，都會影響到對話的品質。

根據費德曼．舒茲．馮．圖恩（Friedemann Schulz von Thun）的（心理學和溝通科學專業）理論，每個人都是訊息的發送者，「發送」由四個層面所組成的訊息，因此每個訊息都經過多道編碼加密。接收者則會根據自己的認知、期望、關係和其他因素，對訊息解碼、詮釋和反應。

費德曼表示，接收者需要「四個耳朵」來解碼訊息：一個耳朵負責聽取訊息的事實內容，其餘三個耳朵則負責接收非語言的訊號，然後進行詮釋。所謂的「溝通障礙」應該就是在這環節形成，因為要如何反應訊息的哪一層面，全取決於接收者的自由。發送者讓接收者擁有愈大的詮釋空間，就愈可能出現詮釋或理解錯誤的情況。

「主動傾聽」是接收者對發送者訊息的情感反應。美國心理學家卡爾．羅傑斯（Carl Rogers）首度將主動傾聽運用在自己的對話治療上。根據羅傑斯的說法，基本

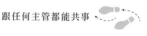

上有三種運用在非語言溝通的預設條件：

- 同理且開放的基本態度
- 真實和一致的外表呈現
- 接受與無條件地敬重對方

你要與老闆保持（或開始）互動，製造對談的機會。主動積極提問，重點是彼此互相了解，專注聆聽對方。這麼做能避免誤會、錯誤詮釋和衝突，也有助於你順著節拍引領老闆，因為雙方能互相了解與尊重。

18｜勇敢表達自己合理的要求

這是最重要的舞步，也是我認為所有舞步中最困難的，因為它挑戰你的勇氣和冒險的決心。簡單來說，就是說出自己想要的，這表示你得勇敢面對分歧，並爭取所重視和關心的事物。在這方面，我們往往欠缺勇氣，我之所以這麼清楚，是因為我也常望之卻步。我多希望能明確告知老闆，我感覺受到不合理的對待；我多希望能夠老實說，有些同事玩著不公平的把戲；我多希望能大聲疾呼，我需要更多的支援。但我就是不敢，我不希望「被剝奪太多空間」，但又害怕說出來的後果不堪設想。

現在我明白，如果不說出自己的期望，期望就永遠不會成真。原則很簡單，就像如果你想去地獄，不用多說，只要極力表現自私和無恥就萬事俱備了！不想被剝削真的很簡單，只要明確且堅定地表達你的要求即可。

這裡的重點不是蠻橫地貫徹執行，也不是要榨乾老闆，對他不停索求，更不是抹黑同事；而是要得到能讓你在工作上有所提升，進而為公司創造更多價值的東西。有時也可能要爭取更多的正義，例如：控制工作超量、解決問題、平息衝突等。

說出你的要求是合理，也是理所當然的。因為老闆並不會讀心術，你必須開口告訴他，你需要什麼。不過務必以親切的方式，你知道的，「你希望別人怎樣對待你，你也應當怎樣對待別人。」

表達合理要求的十步驟

1. 你知道自己要什麼

舉例來說，最後的結論也許是你想要再進修。

2. 找老闆對話前，用簡潔語句整理好自己的期待或目標

想一想哪方面的進修能提升你的專業，用簡單扼要的語句表達你的期待。

3. 演練表達內容（最好在家裡）

將自己的進修計畫告訴家人或朋友，有助於堅定你的要求，同時還能蒐集有利的論述。

4. 蒐集相關研討會議題的大量資訊

搜尋可能的進修課程。公司內部是否有提供相關的課程？進修課程大約需要多少費用？還有哪些選擇？

5. 蒐集論證，找出優勢

這項進修能為主管、部門、公司和你自己帶來哪些好處？完成進修後，能提升你哪方面的能力？會有哪些改變？

6. 舉出缺點

如果去上進修課程，會對主管、部門、公司或你自己帶來哪些缺點？充分準備，先幫主管分析，讓他知道你已經做了全盤思考。

7. 準備好數據、資料和事實

準備好包含所有數據、資料和事實的列表（車資、飯店費用、研討會費用、代理人規定），既淺顯易懂，也有助於強化你的論述。

8. 等待一個好時機，然後行動

如果你主管正趕著完成馬上要交給總經理的簡報，這絕對是錯誤的時機。請找他可能心情好、放鬆、容易接受建議的時候，然後約定日期。

9. 將你的要求文字化

將你想說的內容做成一份文字版本，這是對談後為主管準備的決策文件。將你在對談中說的內容白紙黑字印出來——當然要經過稍微的編排。之所以要這樣做，是因為說過的話很容易忘記，此外，一旦有這份文件，若有必要，主管可以隨時將你的要求轉給人事部門或他的上司。別忘記問主管你何時可以得到回覆。

10. 提供反饋及展望

說說為什麼你喜歡這部門或這公司（哪裡好、為什麼好、老闆有哪些做得好又正確的事），哪方面讓你喜歡？再次加強你在員工會談中承諾的職務表現和目標，但也要提及自己的好表現，以及為什麼想要繼續提升自我。

我認為特別重要的是，你要明白「工作必須專注在專業內容層面上」，我常發現許多人一旦被拒絕，立刻內心感到受傷、顏面盡失，就連我自己也無可避免。雖然人家只是對我的工作方法提出意見，我卻常認為那是針對我個人的批評。有時這的確很難區分，但是公私分明很重要，因為這裡談的純粹是你的業務。

當你想向主管表達要求時，有充分的準備是最重要的。你必須非常清楚要求的核心、重點是什麼，以及你想在會談中達到什麼目的。想想看你主管會使出什麼撒手鐧，站在他的角度與立場去想，可能會有什麼異議？你該如何反駁？讓主管把話說完，並專心聆聽他。

無論主管的反應為何，請保持冷靜。不要把自己逼入自我辯解的牆角，否則你將難以全身而退。堅持你合理的論證，讓充分的準備成為你堅強的後盾。不要指責或歸咎，那對達成目標無濟於事。最好保持就事論事的態度，專注在你們兩人的共識上。在會談結束時，將會談內容再總結一次，並請老闆確認。如果老闆斬釘截鐵地拒絕，你可以問他是否有其他方案（是的，我最愛問問題了），「您有何其他建議？」同時要記得：「語調就是音樂！」發送者傳遞訊息的方式很重要，在訊息中置入正確的語調，才能打動接收者，讓老闆願意聽你說，感覺自己受重視，感受他的智慧和知識被尊重。不過別忘了最重要的訊息本身。

聽起來好像要準備一大堆資料，也的確如此。但成功讓老闆點頭的機率也會因此大增。我先預祝各位成功，這需要很大的勇氣和真誠，才能敞開心胸與老闆討論這一切。不是每個老闆都樂見其成，但是踩著這舞步，你能往「樂在工作」及「順著節拍引導老闆」跨一大步。勇敢一點！

19｜就事論事，別隨之起舞

無論你正處於哪一種生活或工作情況，只有你可以決定自己的生活，你可以說「不」！我知道有人看到這裡，一定會說他毫無選擇，因為他正面臨惡劣的情況。我完全相信你所說的，但我認為如果你敢於偉大思考、全球化思考，其實還是有選擇。這麼說不是要你好高騖遠，但如果你正處於低潮，無法大鳴大放或發揮潛能，那就在目前的工作環境中尋找創新。

在離開這舞池之前，只有你自己可以決定要承受多少痛苦。如果你認為受夠了，就是該有所改變的時刻，不過還是那句老話：「語調就是音樂！」如果你一大早就歇斯底里地在老闆面前丟下一句：「不要，我受夠了！我不想玩了！」這實在不是明智之舉。請以委婉的方式就事論事。

我發現常有員工（包括我自己）在工作時，承擔了「根本」不該由他們承擔的責任和決策。例如：你的工作量大到必須將工作帶回家做嗎？你經常睡不好、壓力又大、不時像頭易怒的公牛嗎？該是找老闆聊聊的時候了，主管應該適度調整。你可以詢問老闆，如果這不是你的責任領域，不必自行承擔這個壓力。找出你們可以更緊密合作的方式，畢竟你們要共同達到企業目標。

如果你真的是因為動作慢，所以工作做不完，那就必須再繼續精進，並請教他人如何提升工作效率。如果你的工作量顯然超出負荷，那就是老闆的責任，他應該重新分配工作或設定優先順序，以解決下屬工作超量的問題。在找老闆談論此問題前，應該準備一份你的工作日誌，最好能有一星期的紀錄，記下你負責的所有工作與完成所需的時間。這份日誌是與老闆對談的基礎。

請牢記，你有說「不」的權利！雖然聽起來有點陳腔濫調，但對別人仁慈，就是對自己殘忍！

20｜練習，練習，再練習

如果你喜歡你老闆，那麼最後這個舞步應該不難學，因為練習是成功的祕密。我們在生活中所做的大多數事情，都必須先學習，然後經過練習，才能成為個中高手。我有點不知道為什麼，人們常期待自己能夠立刻登峰造極，最好一個晚上就成為舞林高手。誰說你必須立刻變專家？凡事都需要時間，我們也必須有耐性，讓時間醞釀我們的成長和能力。你和老闆討論過自己的要求，但最後沒有成功？沒關係！仔細想想哪裡出了問題，下次還有什麼改進之處？哪些部分最好別提？這就是練習、嘗試、反省，並期待下次會更好。

你曾思考過自己對老闆有何期待嗎？反之，你是否思考過老闆對你有何期待？兩人對彼此的期待愈清楚，就愈容易互補。老闆期待你能掌控大小事，成為值得信賴的左右手，確保工作順利進行。期望並非一蹴可幾，所以請善待自己，讓自己呼吸新鮮空氣，容許自己有練習的時間。

第3幕

支援——主管落拍、跳錯，怎麼協助？

第五章 七大領域支援主管，幫自己

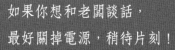

如果你想和老闆談話，

最好關掉電源，稍待片刻！

這是跳舞

經過排練的雙人舞舞者，舞步自然又和諧，他們在舞池裡翩翩起舞，好生曼妙。然而，若其中一位舞伴經常跳錯舞步，另一個人就必須挺身而出，不時介入引領，好讓這支舞順利跳完。跳舞時難免會互相踩到對方的腳，唯有練習可以熟能生巧。不過也有那種經常跳錯，但又不力求進步的舞者，因為他們沒有學習的意願，快樂也不會降臨！

這是工作

最理想的情況是，你和老闆密切合作，彼此了解。你知道老闆在特定情況或面對挑戰時的反應。但如果工作氣氛不夠正向，就會產生許多足以引起衝突或誤會的導火線，沒有人是完美的（雖然許多人認為自己是）。你能夠也應該適當應付老闆的惡習，因為這樣才能讓企業、工作甚至你自己往前邁進。有時老闆也會做出不可饒恕的錯誤行為，而你也不應該坐視不管。你個人的界線在哪裡，全由你決定。

21｜協助不同風格的主管，有不同做法

我必須不厭其煩地重申，很多事都可以透過（即時）溝通解決，沒有人是完美的，包括你主管。如果主管正扮演著三明治角色，還必須承受「上頭的壓力」，常得在最短時間內完美轉換角色，那更是如此。

你主管也許才剛跟下屬開完會，下一秒就必須以員工角色站在自己老闆面前。無論扮演哪個角色，他都必須展現專業。但偶爾出錯、跟不上音樂節拍、舞步錯亂或在地板上摔個四腳朝天，也實在不足為奇！

這時，如果員工警覺到主管跳錯舞步，並主動扛起引領的責任，避免他摔倒，對主管就是一大助力。

然而與上司真誠溝通也有不少障礙，因為身為員工，你對老闆有依附性，如何對老闆說真話，又無須擔心被秋後算帳，或是面臨更糟糕的後果呢？

- 你感覺受到老闆不公平的對待，該如何讓老闆知道，而不是呆呆站在那兒當受氣包？
- 你不滿意老闆的領導風格，應該如何改變情況，而不是直接遞辭呈？
- 你不想再掩護老闆的某些行徑，該如何溝通，才不會被貼上告密者的標籤呢？
- 老闆對你感到失望，即使你滿腔委屈，情緒激動，該如何客觀、堅定地與老闆溝通，說明自己的立場？

日常工作中的各種挑戰可能來勢洶洶，畢竟許多主管在領導方面的訓練也不足，員工對於差勁的主管也無從防備。有鑑於此，我為各位整理了以下各種問題和建議，希望能協助你在特定情況下做出正確的反應。

還記得我們第二章談到各種舞風的老闆嗎？接下來我將先說明與這些老闆共事時最常出現的問題及解決建議。

跟不上主管節奏，怎麼做？

騷莎舞的舞者技巧高超、專業、靈敏、情緒高昂、精力充沛。他是其所屬領域的佼佼者，具有高度渲染力，但他的要求也高，常讓舞伴頭暈目眩。如果與這樣的老闆共事，一方面會很有趣、興奮，帶來很多歡樂；但另一方面，你也必須注意自己是否跟得上老闆的速度。不論在什麼情況下，請展現你對他的想法和工作很感興趣，他做得好，就表示認同。

反之，你也要明確告訴他自己的想法。舉例來說，如果他剛指派給你五個工作，可以請他明示優先順序，「哪件事最急迫？」「必須在何時完成？」「我該先做什麼？」但你也要讓他知道，上週還有一些待辦事項尚未完成，請他告訴你，新舊工作要如何分配先後次序。藉此可以不時提醒他，偶爾也必須踩踩煞車。

以真誠、忠誠和透明的態度對待

慢狐步型老闆是最有自信的好老闆，永遠保持冷靜的專家，專業地掌握一切，與員工保持良好關係，對於工作和員工要求具備絕佳的適應能力。他懂得尊重，但要求也高。因此，慢狐步型老闆幾乎能優雅地完成所有目標。

原則上，他的「惡習」不多，如果有的話，你可以老實告訴他，甚至請他處理。如果你以真誠、忠誠和透明的態度對待他，他會傾聽你的意見，也會這樣對待你。他喜歡真誠的言語，可以和你進行有效率且有建設性的合作。在找他談之前先做好充分的準備，尊重他的工作，就能找到解決方法！

表達自己的界線

迪斯可狐步型老闆個性單純、「正常」，是如假包換的麻吉老闆。和這種主管共事也能帶來很多快樂，因為他很腳踏實地、務實，並希望贏得大家的喜愛。如果你喜歡他的風格，就會跟著他一起歡樂，一起放鬆；但你若不喜歡，則會覺得他越界太多，太過靠近你。不過你可以明白表達自己的界線在哪裡，他會尊重你。如果你能偶爾將他帶離目眩神迷、戲劇性十足的轉圈舞，讓他重新平靜下來，他會對你銘記在心。他具備應有的專業能力，即使他想與你稱兄道弟，你也該老實回應他：「不要誤會我的意思，雖然我很想與您及同事再去喝一杯，但下班後我想多陪陪家人。」

自主保持密切關係

Freestyle型無可捉摸，毫無規則可言，每天都不一樣。上一秒鐘的協議，一轉身就不適用，但基本上他還是一個事業有成的人，只是……與眾不同。與這種主管共事唯一有效的方法，就是與他保持密切的關係，如此才跟得上他瞬息萬變的速度。但你要堅定基本原則，並時刻提醒他必須遵守，久而久之，他至少也能習慣某些規定。重要的是，你不能一次給他太多限制，Freestyle型有如脫韁的野馬，限制不住。不過優點是你可以照自己的方法做事，如果需要更嚴謹的規則，你可以自訂。與Freestyle型老闆合作，你應該更勇敢地自決工作，這裡是自主工作者的天堂。不要等待誰來帶領你，儘管放手去做。

自決工作，提供選項給主管

是啊，該拿這塊笨重的懶石頭怎麼辦呢？最好什麼都不要做。如果你試圖移動或鼓勵他，雖然是出於好意，但搞不好會變成你的重擔，既吃力又不討好。唯一可行的方法是「自決工作」，並準備好鉅細靡遺的決策文件讓他選擇：「老闆，我們要這樣做還是那樣做呢？我建議您採用這個解決方案！」尊重他是你老闆，你擁有很大的自由空間能自決工作。如果你無法自決工作，本身也需要目標導向的明確指示，那就應該另尋舞伴，因為布魯斯舞型老闆就是這樣，不可能改變。就讓他繼續跳他的布魯斯舞，你跳你自己的吧！

尊重，贏得主管信任

壓軸來了，這是最大的挑戰，因為鬥牛舞型老闆時而嚴厲，時而獨裁，又有強烈的主導個性。你必須時時刻配合他，仔細觀察，他重視什麼？他堅持的價值何在？他的重點？你愈了解他，就愈能精準預測他。你絕不能屈服在他的獨裁之下，雖然要表現出對他的忠誠，但在他的要求和彼此合作之中，你也要保有自我意識。

他不需要膽小怕事之輩，但也不需要因為情緒化而反抗他的員工。用他的方式協助他，贏得他的信任，一旦他信任你，就會接受你的建議。他最重視的是，自己是否是最後下決策的人。你愈尊重他，就愈能看清他的痛處。如果你想達成什麼目的，只要尊重他，並在正確的時機將強而有力的論述傳達給他，就能大功告成。

接下來我們要聊聊比較普遍的個人特質，並因為有很多狀況不僅限於某種舞風的老闆，基本上所有類型的老闆都可能遇到，但某些類型發生的比例較高。

22 如何不讓主管的人格特質礙事？

兩方法應付主管獨裁

獨裁型老闆中，最糟糕的非「頑強獨斷者」莫屬。他們有強烈的控制欲，汲汲於蒐集資訊，但又沒有團隊精神。他們整天關在安靜的小房間裡，與其他高層密商決定一切，毫不妥協地強制要求執行，並僵化地控制進度。他們從不徵詢員工的想法，認為員工只是命令接收者，乖乖聽命行事就對了。長期與這種老闆共事的人，只會按規定行事，毫無應變能力，但這真的是企業所樂見的嗎？我很懷疑。什麼？你的老闆這麼獨裁？那……真是恭喜你了！

對這種老闆該怎麼辦呢？有兩種方法：第一，接受現狀乖乖配合，但無法贏得老闆的信任、尊重和合作，更重要的是，你也不用期待未來會改變。第二，賭上運氣，逐步贏得老闆的信任。讓老闆看見你也會參與思考，是值得信賴的人。不過第二種方法需要耐性與磨合，才能讓頑強獨斷者稍稍鬆開一點控制空間。期間你必須自我鼓勵和讚賞，在工作裡找到你追求的意義和動力來源，就能從中得到成就感。

如你所知，老闆的領導風格各有不同，即使再努力也無法一個蘿蔔一個坑，將所有的老闆風格都分類。不過總有一些理論架構稍稍可用，例如：哈佛模式或我歸納的老闆舞風等。

由於每個老闆都不同，而且即使你老闆屬於獨裁型，原則上也不一定就是不好。某些情況就是需要獨裁式行為，而且是必要的。有時必須立即下決策，否則所有程序將延宕或情況會惡化，此刻若有人明確指示方向，必定令人耳目一新。任何情況都好過無作為或布魯斯舞型的反應，因為那和與死人共舞無異！企業裡沒有領導人等同於停滯，經濟損失也可想而知。

有這種特質傾向的主管：鬥牛舞型、Freestyle型、騷莎舞型。

滿足吹牛主管的「認同感」

虛有其表、吹牛大王、自我膨脹、自吹自擂……想必你和我一樣，在職場上（私人生活也是）一定遇過不少這種人，他們天花亂墜地自我行銷！更令人忿忿不平的是，這種人卻常以自吹自擂把主管唬得一愣一愣的，事業一路順遂，扶搖直上！

面對這種金玉其外的老闆，你該怎麼辦？如果你不會每天感覺良心不安，那就給主管他需要的「認同感」。倒不至於必須每天為他歡呼，只要讓他自我感覺良好就夠了。因為虛有其表者的內在其實藏著很多不安，愈有安全感的人，愈不需要太過「自我膨脹」。

當他們話匣子打開時，大家都是一副了然於胸的表情，員工們或許還會暗地裡戲稱他「老王賣瓜」，甚至咒罵「胡扯」。你可以笑看大家對他的鄙視，但對談時還是應該維持在事實和專業層面上。盡可能幫他蒐集詳細資訊，如前所述，他愈有自信，就愈不需要自我膨脹。

你必須讓他知道，「自吹自擂」對你沒效，否則他不會停止對你連珠炮地攻擊。你可以刻意將話題拉到他無法天花亂墜的議題上，並且讓他知道，你可以接受和欣賞他原來的樣子。

幫這種主管擬定有說服力的解決方案，解除他的責任壓力。不時不著痕跡地提供他顯然急需的資訊和想法，或許有助於解決他自吹自擂的壞習慣。

如果他針對你，故意為難你，你可以用點心機，巧妙地讓他難堪，例如：在會議上針對特定議題，提出你知道他無法回答的具體問題。但這做法絕對是「以暴制暴」，與順著節拍引導完全無關。請謹記，與老闆（公然）爆發權力戰爭，獲得勝利者微乎其微。

有這種特質傾向的主管：鬥牛舞型、Freestyle型。

多傾聽，多提問應付天馬行空的主管

你知道那個精力過剩、走路像彈簧一般，只為了吸引他人目光的約翰．屈伏塔嗎？請不要誤會，我很喜歡約翰．屈伏塔，但只是說他在電影《週末夜狂熱》

(*Saturday Night Fever*)裡的角色。這部電影非常有趣,但如果你的辦公室或店裡有這號人物,那可真傷腦筋。該如何與這種爆發型的創意龍捲風人物相處呢?請記住,你可以改變自己的態度和想法,但無法改變你老闆!對付自吹自擂老闆的方法同樣適用於此,也就是給主管他需要的「認同感」。你的老闆需要關注和目光嗎?那就給他關注和目光、當他滔滔不絕說起天馬行空的想法時,傾聽他;當他想說明什麼時,你就多提問;當老闆期待你立即完成所有交辦事務時,你應該與他密切合作,並提出很多具體問題,讓他發現並非所有計畫都可行。

當你忙於工作,老闆卻頻頻打斷你時,你可以選擇充耳不聞,也可以老實告訴他:「喔!聽起來真有趣,您可以再多說一些……不過要請您晚點再說哦!您不是希望這份文件今天就要弄好嗎?還是說我可以明天再處理呢?」若你常這麼做,老闆下次還會這樣嗎?不過長期下來,如果你為此覺得困擾,可以私下找老闆談一談。請心平氣和地對待老闆,但前提是你必須打從心底喜歡你老闆,這是合作無間的基礎。如果老闆一出現在附近,你就無來由地感覺排斥,那就該思考是否要轉換環境。

有這種特質傾向的主管:騷莎舞型、鬥牛舞型。

主管相處時公私不分，怎麼辦？

現今社會，老闆和員工之間的相處已不像以前那麼拘謹，很多公司基本上都以平輩互稱。理論上沒有問題，就像對迪斯可狐步型老闆。但主管和下屬之間仍該保持個人界線及互相尊重，凡事適可而止。若老闆和員工完全使用像朋友一般的語調和對待方式，基本上會有點麻煩，但如果你私人領域和跳舞空間界線已明確釐清，不准他人越雷池一步，那就沒什麼問題。你可以決定哪些私人領域要公諸大眾，哪些完全屬於自己。

思考一下你願意公開哪些私人資訊，沒人能要求你在職場中宣揚自己的生活點滴，無論酸甜苦辣。你可以適度與老闆分享自己的私人生活，但如果覺得老闆的問題太過隱私，侵犯了你的跳舞空間，就委婉且明確地讓他知道，像是這樣說：「我覺得這部分過於隱私，原則上我不會在公司談論這些事。」你偶爾也應該展現出對老闆的好奇，如果能讓他心情好，當他口沫橫飛聊起年少輕狂的輝煌往事時，不妨耐心傾聽。不過，如果你發現老闆打探隱私是為了在必要時對付你，那心裡就要有一把尺，只給他必要的個人資訊。

移轉注意力、適度分享私人生活與提問題，這些都是與這種老闆相處的不二法門。第三章的跳舞空間工具能協助你清楚界定自己獨享的跳舞空間。

有這種特質傾向的主管：騷莎舞型、Freestyle型、迪斯可狐步型、鬥牛舞型。

提出封閉式問題，避免主管說教

老實說，一旦過了某個年齡，習慣爸媽的疲勞轟炸後，我們應該早就對這種人免疫了吧！對這種老掉牙說教方式唯一的反應，當然就是充耳不聞、左耳進右耳出、頭腦放空。老闆如果真的有希望員工改進的正當理由，就應該心平氣和地坐下來談。也就是說，不該在「現在是我講話」的威權下，其他人只能閉嘴，聽另一人「被罵」，而應該是雙方對話，以討論為基礎，使員工有機會開口。所以當愛說教的老闆開始疲勞轟炸時，應該盡可能彬彬有禮地打斷他，例如：提出一些封閉式問題「老闆，您覺得我該想想替代方案嗎？」這會讓老闆的獨白結束，甚至還得出解決方法。

有這種特質傾向的主管：鬥牛舞型、Freestyle型、騷莎舞型。

公司資訊不透明，要不斷暗示主管

是的，打動人心的企業價值印在精美的紙張上，懸掛在氣派的大廳牆壁上，上頭的承諾句句散發著耀眼光芒，卻如夢一般。可惜，企業理念有時只不過是美麗的裝飾品罷了。

雖然「透明化」是公司重要理念之一，但實際上公司內部的資訊嚴重不足，這時該怎麼辦？

你應該不斷提及這件事，讓其他人知道，現在如果有了這項資訊，某項任務就能因此輕鬆迎刃而解。你可以追問為什麼無法得到特定資訊的具體理由。當你不時提及這個議題，老闆就會意識到它尚未被解決。

有這種特質傾向的主管：騷莎舞型、Freestyle型、鬥牛舞型。

主管經驗不足，你可以這樣幫他

你的年輕老闆是自作聰明的草包嗎？他從最高學府畢業，自以為高人一等，而你「只不過」擁有二十年工作經歷嗎？不妨就先讓他繼續這麼想，別太在意。原則上年輕老闆在工作中愈是胸有成竹，這種裝腔作勢的姿態就愈快褪去。這時，你可以不著痕跡地提供自己的專業知識，適度幫他保留面子——即使他渾然不覺。像是可以說：「這台機器在產量達一萬件時又掛點了，現在我們該怎麼做？上一次我們嘗試某種做法……您覺得如何？」

讓大家的焦點專注在問題本身，雖然你已經雙手奉上解決方案，但表面上老闆還是決策者。他遲早會對你心生感激，也許不會在大庭廣眾下對你表達謝意，但會以信任你的能力來回應。

有這種特質傾向的主管：所有無工作經驗的老闆。

如何協助上一世代的主管？

你突然發現公司來了一批年輕的同事，個個身手矯捷、高學歷、會多國語言、時髦、自信、有豐富的國外經驗、精力充沛。

對於這種情況你不得不承認後浪推前浪，自己已跟不上這些年輕的傢伙，而你的老闆也是心有戚戚焉。但每個年齡都有各自的優點——豐富的生活歷練和工作經驗，有時可媲美高學歷。

所以請欣賞老闆的優點，尊重並讚美他。這些老闆會看在眼裡，並且感謝你的行為。如果老闆的專業已明顯跟不上時代，請協助他，幫忙準備詳細的資訊；這能強化老闆對你的信任，也能強化他的自信。你也該不時提醒年輕同事，珍惜「老人們」的意見和經驗。

有這種特質傾向的主管：騷莎舞型、迪斯可狐步型、布魯斯舞型、鬥牛舞型。

用快樂的心情感染主管的壞心情

你一早神清氣爽地來上班，不料遇到一臉慘淡、喜怒無常的老闆。沒人想跟這種老闆共舞，那根本毫無樂趣可言！想要有創意與建設性的合作？心情不好什麼都甭談。如果一個人的喜怒無常是常態，就難以維持好心情。但你也要努力別讓老闆毀了自己的好心情。最好的情況是反過來，用你的快樂心情感染他！不妨說些有趣的軼事或令人莞爾一笑的諺語逗老闆：「過去的一切都比較美好，像昨天就比較好，因為是星期天。」一面對困境，有時幽默是最好的良藥。幽默有助於放鬆，釋放壓力。

但如果老闆毫無幽默感，那該怎麼辦呢？或許他只是貌似如此，因為每個人都有幽默感。但我必須承認，有些人笑點比較不一樣。如果怎樣都不管用——連在咖啡裡面加快樂丸也無效，那就讓他發發牢騷吧！他大可做蠢事，但不要把你拖進去！你的工作動力高昂，別讓他毀了你的好心情。多和其他也樂在工作的同事聚聚，在這種情況下你能輕鬆把老闆晾在一旁——但僅限漠視他的心情，其他部分可不能忽略！

有這種特質傾向的主管：布魯斯舞型、鬥牛舞型。

連主管都不想工作，怎麼做？

如果你老闆星期一早上一臉倦容，只希望是因為週末玩太瘋的後遺症。要是他大聲抱怨：「為什麼足球賽有延長賽，週末卻沒有，太不公平了！」那表示他還有救。但如果他在午休後就期待下班，做事也有氣無力，那這工作顯然對他毫無吸引力。

好吧！公司改組、壓力和業績重擔把你老闆壓得喘不過氣，他要承擔的事物遠遠在你之上。不是每個人都能長期承受高壓。這種有氣無力、完全失去動力的老闆，該如何與他們相處呢？

老實說，你能做的很有限，但你必須警覺，別讓老闆的情緒影響你的工作態度，結果也失去工作樂趣。你可以試一試，或許找到讓你老闆眼睛為之一亮的東西？

盡量幫老闆處理他不喜歡的事務——前提是他有授權給你，而你也具備相對應的專業能力。例如：如果老闆沒興趣參加例行性週會，你可以問他是否由你或其他同事代表出席，或是思考週會有無進行的必要。但另一方面，你也不該一直「掩護」他。

你可以直接且具體地與老闆談談，試著解決他「不想工作」的問題。或許你得不到明確的答案，但至少能讓老闆意識到，他的漠不關心已經被人發現，這個覺醒或許剛好就是讓他離開可憐沙發的關鍵力量。如果他依舊一臉無所謂，那就是採取終極措施的時機了，因為長期下來，公司也無法容忍這樣的主管，畢竟若失去了前瞻能力、不適任，與停滯沒兩樣。公司內部若設有協調與輔導機制，你應該主動通報啟動。互敬合作是你們共同的目標，若你發現有人情況危急，無論對方是不是老闆，都應該有所作為，來幫助他轉變或至少導入正軌。每個人都值得受到合理的對待。

有這種特質傾向的主管：布魯斯舞型、迪斯可狐步型。

主管愈暴躁，要愈冷靜

你絕對要堅持住，對方愈暴躁，你要愈冷靜！基本原則是語調保持冷靜，不被對方嚇到、挑釁或激怒。你應該盡快離開這種危險的情況，在離開前告訴對方：「我們現在的對話太情緒化，我先離開，因為這已不是理性的對話。等到比較恢復冷靜以後，我們再來談。」當對方處於這種狀態時，絕對不要與他爭論。

製造緩衝的空間，記下前因，有任何疑慮時找來證人，提出投訴，並考慮離職的可能性。不要讓「因為他也很難熬」、「他就是這樣」與「反正他也不會改變」等藉口強壓在自己身上。即使他說：「你應該要忍耐，這與你個人無關，我只是有點激動，但我有充分的理由！」但是職場不容任何暴力行為！

有這種特質傾向的主管：Freestyle型、鬥牛舞型。

老闆只會抱怨，別隨之起舞

「天氣真糟！真讓我心情低落。今天的電車又那麼擠。馬上要開會了，一定要訂在早上九點嗎？你聽說了嗎？他們要讓那個韋伯當總經理？真搞不懂，他們為什麼不舉薦我？我明明更適任才對！天啊！今天好悶喔……待會一定會下雨，等著看吧，馬上就要變天了，我的關節會受不了。唉，我在這裡也不輕鬆。」

這種對話實在太可怕了！如果你有個這麼愛抱怨的老闆，唯一能做的就是「保持冷靜」，什麼話也別說，不要有任何反應，反正也不是跟工作專業有關的話題。如果他突然問你：「那……你覺得呢？」建議最好以「我訊息」回答：「我不覺得是這樣。」但如果他還是繼續發牢騷，你只好左耳進右耳出，專注在自己的工作上，不要再回應，以免助長他繼續抱怨的念頭。希望他有朝一日能意識到，找你發牢騷是找錯人了。

反正他是你老闆，你也不必太招呼他或說他愛聽的話！所以請練習視若無睹、聽而不聞——但僅限無病呻吟的牢騷！

有這種特質傾向的主管：騷莎舞型、布魯斯舞型。

老闆只看到問題，就幫他思考解決方法

如果老闆三句不離「問題是……」，你心裡應該有數了。許多人傾向於看到問題，卻不積極解決問題。但如果只看見問題卻不去解決，最終也沒意義。或許「如何

解決？」這問題更重要。你可以從這問題開始，提出具體的解決建議，藉此讓大家討論，集思廣益。運用正向思考，不著痕跡地讓老闆從冷漠中甦醒。如果你有興趣，也能接手引領。不過究竟怎麼做，才能好好引導又不奪走老闆手中的權力呢？

• 提供有用的資訊，讓你有機會參與對話。
• 贏得信任，若你老闆知道你是為他好，就會聽你的意見與建議。
• 當你告知老闆問題時，同樣不要只有問題，而是提供可能的解決方法。事先準備有助於老闆下決定的文件和資料，如果當下沒有更好的解決方法，你老闆自然會有辦法。
• 具體請示老闆你應該如何處理，藉此引導老闆發出指示。
• 請求老闆下決定，好讓你可以繼續執行工作。同時引導老闆執行他的領導責任，「您是老闆，請告訴我該怎麼做？」
• 請示具體的優先順序和重點，並讓老闆知道為什麼這對你很重要。
• 自己承擔責任，直接做就對了。如果你越界了，你老闆會告訴你。但他會感謝你，不用每件事都要他開口，你才會做。好處是只要你願意，就可以自決工作。

• 絕對不能讓老闆難堪，否則辛苦建立的信任將立刻瓦解！此後，你老闆再也不會相信你！

有這種特質傾向的主管：迪斯可狐步型、布魯斯舞型、鬥牛舞型。

主管搞不清楚狀況或不訂規則，怎麼做？

你老闆的規則十分鬆散，甚至毫無規則可言。他不下指示，員工個個徬徨無助，不知道事情的輕重緩急，也不知道自己做的事到底對不對。這種老闆造成部門缺乏生產力，員工做事有氣無力，士氣低落。若是因為這種領導風格，白白浪費了員工的潛能、專業和能量，這實在很可惜。老闆如果不制訂明確的規則，員工就不可能有出色的產出。

該怎麼做呢？你知道的，不要生氣，只要讚賞。請不要嘲諷甚至凸顯他的無能。

為什麼你的老闆搞不清楚狀況？是因為缺乏資訊而沒有安全感嗎？還是他害怕下決定？或是基於其他因素而無法勝任這項工作？老闆之所以會如此行事，一定有其原因存在——雖然這句話不一定永遠都是對的。儘管如此，如果你還想協助老闆，可以試著站在他的立場思考，用他的眼睛去觀察，或許就能找到與老闆密切合作的方法。此外，如果你願意接手引導，不妨參考以下建議，應該能協助你將不明確的規則轉換為具體的指示內容。

請持續追根究柢，直到觸及議題的核心為止。「您真正的意思是什麼？已經有確定的流程了嗎？誰可以協助我？」針對這些問題，如果你老闆自己也沒答案，那麼你必須有所行動，否則工作一定窒礙難行。想想看，除了老闆外，你還能問誰？誰是中間的負責人？並非每個問題都需要老闆回答，可以用電子郵件或備忘錄以書面形式記錄所有協議，並請老闆確認。若你不在辦公室，請記下筆記和紀錄（包含日期、時間和負責人等），以便日後必要時可隨時查看。提醒老闆（若有必要可多次提醒）他允諾過的事情與待解決事項。不要坐著乾等，停滯不是解決方法。

有這種特質傾向的主管：騷莎舞型、Freestyle型、布魯斯舞型、鬥牛舞型。

這樣做，幫主管解決拖延症

拖延是一種非常普遍的壞習慣。如果你的老闆不善於下決定，下個狀況的回答有助你使用有建設性的建議方案來幫助他。有時拖延可能純粹是組織的問題，不過這也能找到相對應的解決方法。請協助老闆分攤他的責任。或許你老闆同時處理太多事，你要讓他了解，這麼做可能適得其反。問題是，你老闆真的必須解決所有問題嗎？他真的是負責人嗎？這問題值得深思。如果你的老闆無法掌握一切，可利用嚴格的時間和工作管理來協助他。如果你是組織天才，這就是一展長才的大好機會。

原則上如果一切井然有序，要解決問題就輕鬆多了。你可以提出需求，最好書面約定日期，像是透過電子郵件設定期限，並在團隊中指定相關負責人。讓資訊透明化，使團隊隨時了解最新進度。這都有助於老闆掌握一切，也會給他些許壓力。

讓老闆具體參與，建立信任基礎。如果你老闆純粹是專業上的有心無力，對事務內容一無所知而拖延了重要決策，請思考你還能幫他掩護多久，因為你老闆似乎不適合這個職務。

有這種特質傾向的主管：騷莎舞型、Freestyle型、布魯斯舞型。

主管不解決衝突，可以這樣處理

悶燒的衝突是工作氣氛最嚴重的毒藥！衝突如果不解決，遲早造成更大的傷害。同事間可能因為不公平的工作分配產生嫉妒、太多事情、太多壓力、資訊不足等問題，激發職場上的衝突，結果就是惡作劇、酸言酸語、謠言滿天飛、相互挑釁、小團體四起，甚至霸凌。如果未能加以控制，後果將不堪設想。

如果你老闆對於前述情況不採取任何措施，你能怎麼做？老闆的責任很明確，就是制訂明確的規則，讓對立者對話，當協調人並提供解決建議。解決方法可以是調職、職務和責任重新分配、採用新的輔助工具或新增人手來解決工作超量的現象等。

首先，你應該讓老闆知道有些事不對勁，當然不要用「告狀」的方式。你可以告訴老闆，你覺得公司的氣氛怪異，影響了團隊的生產力和情緒。如果你嘗試數次後仍然無效，可以求助更高的管理層級。不過在採取這一步前應該先告知老闆，原則上這時他應該會（不得不）振作起來去處理。請用「我訊息」與他溝通，表達不利情況已讓你無可容忍，若不解決衝突，可能會再產生新衝突，或是讓情況更惡化。有時請外部專家來幫忙，或是與團隊一起解決內部問題，都是不錯的好方法。

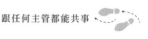

若你是一個優秀的協調人，並且不是衝突當事人，可以建議衝突對立方，（如果他們同意）不妨一起坐下來談，共同找出解決方法。有外部協調人願意介入，是解決內部衝突的好辦法。開會可能也是消除衝突的辦法之一，大家一起參與討論，如何有效管理壓力／工作超量等問題。不要害怕正視問題，你必須督促老闆有所作為。

有這種特質傾向的主管：慢弧步型、迪斯可狐步型、布魯斯舞型。

老闆不下決定，你必須行動

老闆不善於下決定，可能有很多不同的原因。也許是他對於下決定有障礙，又或者是因為資訊不足、上層相關決策尚未拍版定案，導致他的決策也跟著延宕。如果老闆遲疑太久，公司的整體運行當然也會停滯不前。

如果是前述兩種情況，你能怎麼做呢？你當然可以大膽善用這些機會，但我還是希望你能順著節拍引導老闆。如果是第二種情況，請不要一直對老闆施壓，因為他自己的空間也有限，受制於上層的決策。你頂多提供協助，希望其他部門或同事能盡快提供必要的資訊。但公司規模愈大，簡化流程的作業就愈困難。

如果你老闆真有下決定的障礙，因而或多或少影響到整體運作，那麼你為了順利完成負責的專案、達到本身的目標，必須採取以下行動：

- 提供協助。「老闆，您還缺什麼資料嗎？在下決定前還需要哪些額外的資料？我可以幫什麼忙呢？同事可以幫上什麼忙？」
- 安排腦力激盪會議，讓整個團隊分擔老闆的壓力。
- 在對談中主動提供想法，「如果是我的話……。」
- 如果你也參與決策內容，可以幫老闆準備一份有助於他下決定的資料文件。內容篇幅不超過一張A4的紙，至少包含兩種替代方案和所有優缺點，並說明如果未能於預定日期得出決議，將導致哪些後果。當然，不要使用威脅的口吻，而是聚焦在客觀事實上！

有這種特質傾向的主管：騷莎舞型、Freestyle型、布魯斯舞型。

老闆沒骨氣，可以透過讚美幫忙

沒有骨氣的人行不直坐不正。如果你看到自己老闆跪在地板上舔著上級老闆的腳趾，「尊敬」兩字早已消失殆盡，不是嗎？

若你曾目睹過活生生的範例和最沒骨氣的情況，應該能預想到自己會有什麼反應。我常說：「跳舞時，眼睛直視前方。」而這裡也同樣能用我最愛說的萬能武器——讚美與認同。

透過讚美強化你老闆的骨氣，但也別讓這增強太過氾濫。畢竟合作不只是彼此共度有建設性的時光，更要彼此強化和互補。團隊合作最重要的是互相強化和彌補錯誤，讓團隊成為所向披靡的強大整體。

有這種特質傾向的主管：布魯斯舞型、鬥牛舞型。

遇到主管不懂裝懂，怎麼做？

全世界都在談論智慧生活普及化，但你應該覺得辦公室裡的「智慧」已經夠多了吧！職場上到處有自以為聰明絕頂的主管，但實際上對自己的工作根本一無所知。

這種情形可能會很糟糕，但其實也未必，因為經理不一定要全能，只要會規劃、組織、領導，並能善用員工的專業能力就足夠了。主管如果具備這些能力就很厲害了，而且一定會步步高昇：其實做不到這幾點的主管才糟糕。另一方面，有些主管明明什麼都不會，卻假裝自己什麼都會。

我很難想像，為什麼這些主管要這麼做？是因為想要看起來很有能力？還是因為認為這個職務必須什麼都要懂？還是認為若不這麼做，員工就不會接受和尊敬自己？這想法大錯特錯，完全相反！當老闆說：「各位是專業人士，最清楚如何落實才是最好的方式，我相信大家的能力！」這才最能激勵員工。

然而，如果你老闆在專業上是個白癡，共舞時甚至不知道怎麼跳，你也不需要講破。反之，你可以利用這機會順著節拍引導老闆，但必須在老闆以尊重的態度回應你的前提之下。雙方不妨開誠布公地討論舞步，你可以鼓勵老闆參與，向他清楚說明事實和內容，幫助他了解目前的最新進度。

這樣大家都能盡興，因為每個人都能在本身的專業領域發揮所長。你以專業知識引導和管理老闆，為老闆提供最佳的協助，例如：與老闆分享意見，協助他取得必要資訊，並準備包含各個選項優缺點的建議書。這是你們共同知識討論的基礎，也能讓合作產出有意義的解決方案。

如果你發現老闆的無能將造成部門或你個人的前途全毀，最好向更上一級主管求助。當老闆的失職最終可能威脅到你的工作，那就別管什麼順著節拍引領了！

有這種特質傾向的主管：所有舞風，因為無知最是可怕！

23｜關於合作與團隊，如何協助主管？

受主管忽略，可主動表達

你可以扮成草裙舞舞者、把頭髮染成螢光綠、嗲聲嗲氣地假裝昏倒、「不小心」把咖啡灑在老闆身上，如此肯定能引起老闆的注意——但結果可能適得其反。

我建議最好從現在開始讓老闆注意到自己的專業能力。你可以使用第一〇五頁圖六的「自我行銷星盤」來凸顯自己的優勢。畢竟一般人希望老闆看見自己的工作能力，而不是染了螢光綠色的頭髮（聲明一下，我並不反對鮮豔髮色或髮型喔）！

這裡的重點不是視覺的看見，而是人格特質和專業能力。你對事業有野心嗎？那就該利用自我行銷工具讓老闆知道你的能力，例如：發表演講、在員工刊物上投稿、負責專案、讓自己成為某特殊領域的專家、在會議上適切表現自己的專業知識。

如果你對事業沒有太多野心，但希望得到合理的對待，不妨打破舊有模式，讓自己變得更勇敢。你可以主動與老闆攀談，一開始先在寒暄中表現自己，就能被他看見。你可以主動提出建言，但最好維持平常一貫的方式，無須特別迎合，因為若你本身比較傾向於慢弧步型，其實很難與熱情的騷莎舞型老闆共舞。

有這種特質傾向的主管：騷莎舞型、Freestyle型、鬥牛舞型。

如果覺得主管刻意躲你……

你一直覺得老闆總是故意避開自己嗎？你老闆幾乎不與你說話甚至會躲你？這可能有很多原因，你最好找找有何跡象來證明自己的懷疑。他是因為良心不安或是其他因素？有什麼該討論卻遲遲未進行的事嗎？但你也不必提前嚇自己，或許根本與你無關，純粹只是因為老闆壓力太大才這樣。

你可以私下與同事聊聊（請低調），了解他們是否也有類似的感覺，還是只有你。如果你確定這很可能是個問題，就應該找機會和老闆談一談。即使他能漠視你，但他總不能永遠躲著你。不妨巧妙地問老闆：「我感覺有點微妙，好像您刻意躲著我，請問是這樣嗎？」老闆聽到你的疑問，通常會直接否認以消除你的疑慮：「真的嗎？沒有啊！我只是最近比較忙。」然後改變對你的態度。當然，他可能是為了免除麻煩並擺脫你所以如此回答，卻沒改變對你的態度，若是這樣也莫可奈何。

如果你老闆不願老實告訴你問題何在，你自然無從改變情況。畢竟你沒有通天眼，不是嗎？建議你可以採用八〇／二〇法則，你能長期忍受老闆的這種態度嗎？答案只有你自己知道。

有這種特質傾向的主管：Freestyle型、鬥牛舞型。

主管看不見你的潛能，可大膽行動

我想問一下，你看見自己的潛能了嗎？你知道自己的優點和天分嗎？若還不知道，就得盡快挖掘出來。因為如果你老闆看不到，你必須將自己的潛能送到他面前。

問題是要怎麼做？請記住，行動勝於言語，當老闆分配工作時，保持警覺，積極爭取；討論新議題時，要有前瞻性的思維。

至於如何讓老闆發現你的潛能呢？答案很簡單，就是「說出來」。與老闆進行員工會談、吃中餐，或是任何有機會直接跟老闆說話的時候。如果沒機會能自然說出來，那就想辦法創造對話機會。你可以直接告訴老闆：「我想跟您約個時間，因為有事情想跟您談，只要十五分鐘就夠了。」「可以讓我有承擔更多文書工作的機會嗎？」「我發現我們常用特定方式處理某種特定情況，思考過這問題後，我找到能節省四〇％成本的方法，詳細資料都在這裡。」

或者你可以投稿到公司刊物，但這一定要先經過老闆的同意。這樣做的好處是，即使文章未被採用，至少你老闆也看過了。

有這種特質傾向的主管：騷莎舞型、Freestyle型、布魯斯舞型、鬥牛舞型。

不受主管重視，把握機會展現優勢

如果你老闆不重視你的專業或能力，可能是因為他不信任你，或是不知道你能勝任這項任務。如果是後者，你應該直接告訴他，例如：主動寫下你對相關議題的想法，呈交給老闆；有機會在會議裡發言時，把握機會盡量展現自己的優勢，像是提出一些能凸顯自己專業知識的問題。

如果老闆沒有善用你的能力，請試著讓自己的能力外顯。不要讓階級或任何因素限制、埋沒你的能力，但另一方面你也應該思考，這個職務是否適合你？你的責任是承擔對公司、部門和老闆都有助益的任務。不妨建議老闆進行你有能力執行、能解決特定問題、改善相關流程的計畫；如果有對話機會，可以提到你過去工作、讀書、國外經驗曾參與並成功執行的各種計畫。當然，你也可以主動與老闆談談自己對未來的願景。

有這種特質傾向的主管：Freestyle型、鬥牛舞型。

主管不想讓你出頭，你可以這樣做

你有許多對公司或部門很有助益的想法，但老闆卻不想聽？沒錯，確實有些老闆不想讓員工出頭，因此故意貶低對方。他們認為優秀員工會威脅到自己的地位，所以嫉妒你或被嚇到。老闆必須有偉大的胸襟，才可能真心地提拔和協助員工。

曾有一位老闆對員工說：「你是一塊璞玉，有很大的自我發展空間，說不定有朝一日你可能會成為我的老闆。」哇！這是多麼寬大、英雄惜英雄的情懷，著實令人動容，但這種老闆真的是少數。大多數老闆會拚命採取「我是老闆，你是無名小卒」的戰術來捍衛和擴張自己的地位。你當然也能把自己的桌子調得比老闆的高，但這有什麼意義？姑且不談能否樂在工作，如果老闆刻意貶低你，該怎麼做？

- 若老闆扼殺了你的建議，你可以另尋發表想法的途徑，讓自己被看見。例如：參加公司舉辦的創意蒐集活動。
- 你將自己的想法書面化，然後呈交給老闆。書面化的資料不能隨便就置之不理

・主動詢問老闆，是否應將自己的想法呈給更上級的主管？如果他覺得很勉強，就會找藉口搪塞你，但他也會意識到這件事對你很重要，而你也會因此得知老闆對你真正的看法。

不論老闆的反應為何，都不要因此退縮，這世界需要你和你非凡的創意。繼續加油，要是在這間公司無法一展長才，就換間公司吧！

有這種特質傾向的主管：Freestyle型、鬥牛舞型。

如何符合主管要求的高標準？

我的天啊！明明已經用兩個翻筋斗加三次空翻，最後雙手向上完美地落在老闆桌上，但他還是不滿意？是啊，還能怎麼做？再繼續做下去，很快就會養大老闆的胃口，讓他得寸進尺。這時只有溝通才能解決問題，你必須幫老闆踩煞車。

看看你的工作契約內容和職務說明。如果你（必須）承接超過原本職務內容的工作，請務必向老闆反應。向他說明，如果再增加工作，原本待辦事項的先後順序就要調整，有哪些可以省略？你可以請求支援，重點是工作一超過負荷就即時反應，不要等負荷高達你能承受的一二〇％才踩煞車。你希望也應該把工作做好……但老闆也不能太過分。請記得，你有工作契約，你是用勞務換取金錢！如果協議的工作負荷增加，薪水也必須調漲。如果老闆希望你承擔更多責任，那就先談加薪吧！

但你必須先想一個問題：「老闆知道我的工作負荷太大嗎？或是我都默默承受？」若是如此，那你就錯了。那麼該如何徹底解決這問題呢？首先是整理出一份清單，裡面記錄你一週的待辦事項或必須完成的工作，並標明每項任務所花費的時間。現在你可能會想：「什麼？還要記錄清單？我哪有時間？其他工作都做不完了！」但請進一步想，大多數老闆只相信數字、資料、事實，如果你想改變現狀，就需要能證明工作超過負荷的鐵證。而且說不定在記錄時你會靈光乍現，想到其他或更好的解決方法。

當你整理好所有資料後，就跟老闆預約會談時間，將資料攤出來給他看，你有這麼多待辦事項，請他指示你優先順序。你甚至不必開口說：「我覺得工作負荷太大。」或是更嚴重的口氣：「我做不到！」基本上這兩句話只會造成反效果，讓老闆覺得你能力不足。你只要巧妙地把球丟回去給老闆，詢問這些事項的重要性和優先順序。這樣做一方面能讓老闆知道你有那麼多工作，另一方面也可以立刻（希望如此）了解工作的先後緩急，讓工作安排更順利，同時也減少工作量。

如果你的老闆老是挑剔你的工作，而且還一直繼續增加過分拘泥於細節的事務，你必須斬釘截鐵地告訴老闆，這件事必須加班多久來完成，並請他告訴你剩下的待辦工作怎麼處理。你必須要區分「完美主義者的建設性批評」與「過於拘泥細節的頑固想法」。如果你的工作方式真有不足之處，可以要求進修的機會，以符合老闆所要求的高標準。如果老闆對你工作的評論是為了鼓勵你更進步，那這些挑剔應該能提升你的工作品質。

有這種特質傾向的主管：騷莎舞型、Freestyle型、鬥牛舞型。

24 日常工作常見的狀況

老闆常不在辦公室，怎麼做？

若老闆常不在辦公室（無論是出差或外出開會），表示他和員工不常碰面，有時根本沒機會說上一句話。然而，工作若想順利進行，一定有很多重要議題必須討論。即使老闆和員工無法經常面對面溝通，你們之間必須要有順暢的資訊交流，才能確保有建設性的良好合作，同時避免誤解和錯誤。

- 主動討論資訊交流的議題，告訴老闆為什麼你需要定期收到資訊，並協議明確的規則。
- 告訴老闆你必須定期收到哪些具體資訊。
- 主動利用電子郵件告知老闆辦公室的情況，藉此與老闆保持密切的往來。想索取你需要的資訊時，內容盡可能簡要，大家都沒時間和興趣去閱讀長篇大論的信。透過這些方式讓老闆知道你的工作進度和辦公室情況，若有需要調整，他也能立刻處理。你老闆能在一分鐘內讀完信，若臨時要調整，他會自己告訴你。此外，你也在信中記錄了自己目前的工作進度，若事情不如預期發展，也不會有人責怪你。

• 老闆不在辦公室時，若可行且有必要，請與他協議固定通話時間。

• 如果老闆認為這種資訊交流沒必要，你要向他說明自己需要具體指示的原因。或許在與老闆溝通的過程中，你的責任範圍會增加，因為你可能得承接更多老闆的工作（而這又是日後討論加薪的好理由！）

• 詢問老闆，他不在辦公室時的代理人規定，誰是老闆的代理人？

• 詢問老闆你是否可以查看他的行事曆，如此你就能知道他何時有空檔能小聊一下。如果老闆有祕書，私人行程通常會另外安排。

• 請善用系統的技術便利性，可以和老闆約定使用相關符號或標示的意義，例如：優先順序、後續追蹤規則或電子郵件主旨欄內的縮寫等。

• 準備簡明扼要的決策文件，寄到老闆的電子信箱，並附上備注：「兩個選項您偏好哪一項？決定用哪一個？」如果他對兩者都不滿意，就會提出其他的解決方案。

有這種特質傾向的主管：所有舞風，布魯斯舞型除外。你幾乎不會發現布魯斯舞型的老闆不在辦公室。

請主管給你五分鐘，面對面解決問題

請採用「老闆面對面時間」這方法。有效率的合作是積極行動、共同思考。如果可行，每天至少與老闆交流一次，與老闆的例行會談很重要。

「老闆面對面時間」就是與老闆面議的快閃時間。你整理出一份包含重要請求和問題的清單，請他裁示後續的行動或對特定情況該如何反應。如果有太多工作要處理，請務必詢問老闆優先順序和期限。

「老闆面對面時間」最多五分鐘就夠了，但必須具備以下條件：這段時間不能受干擾，也就是不能有電話、簡訊、電子郵件或其他同事來找老闆。這段時間是神聖不可侵犯的！如果你老闆不這麼認為，你必須讓他知道這很重要。這段時間的重點就是與老闆討論，目的是為了合作順利，其他事項相對沒那麼重要。如果你老闆抱持懷疑的態度，不妨建議試行幾個星期，讓他親自體驗「老闆面對面時間」的優點。

如果你每天都能有一次「老闆面對面時間」，那每次一分鐘就足夠了。如果你一週只會看到老闆一次，原則上「老闆面對面時間」就該拉長一些。此外，你必須確認這時間約定必須填入兩人的行事曆。如果你們使用群組行事曆，其他人也會看見這項安排。同事或其他部門也能跟進。但如果「老闆面對面時間」快到了，你老闆直接給你語言或非語言的明確指令：「不要現在。」那你得透過對談來解決，再次重申這段時間的重要，並問老闆以後該怎麼做。你必須讓他明白，沒有討論會影響到你的工作品質，或是他願意給你更大的決策空間，整體而言，這對他也有好處。

如果這一切都無法解決問題，你可以詢問老闆，自己是否可以求助於再上一級的主管。老實說這麼做有點卑鄙，但通常有很顯著的效果。

有這種特質傾向的主管：所有舞風，因為時間不夠用的問題不限類型。

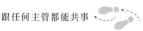

主管常生病，學會如何與代理人共事

當老闆長期生病時，公司自然會安排代理人來暫代老闆的職務。你也必須學習如何與這位老闆代理人共舞，如果可行且他們兩人都同意，原則上你也應該與「舊」老闆保持聯絡。

如果老闆有慢性疾病，身為員工的你應該積極分擔領導的角色，能處理的工作就直接處理、自我管理，然後告知老闆最新進度。確認怎麼在團隊中做好統籌規劃、老闆長期不在時的對話規則、關於老闆生病消息的處理。最好能透明化地處理因此產生的工作問題，唯有如此，才能找到因應的解決方法。

列出一份未決議題清單，告知上一層級主管有關即將進行的計畫，並盡可能獨立完成工作。或許還要記得寄幾張祝早日康復的卡片給老闆，老闆收到卡片一定會很高興。團隊必須更密切合作，你們之前每週開一次會嗎？現在也應該如此，你們在會議中解決工作上的事務，但千萬別忘了老闆！他還會再回來！

有這種特質傾向的主管：所有舞風！所有類型的老闆都會生病。

為了工作品質與合作無間，請主管資訊透明化

透明化對公司運行無礙很重要，因為資訊不透明，老闆與員工的工作品質都會受影響。良好的資訊交流是合作無間的關鍵，特別是在現今社會。如果你得不到資訊，無論基於什麼原因，你得自己想辦法解決這問題。取得資訊的方法有很多種：

- 安排會議記錄者，並確保自己會收到紀錄副本。
- 建立同層級同事之間的溝通群組，每個人都會知道一些資訊，如果同事間可以定期交換資訊，久而久之就能積少成多。
- 不要停止從老闆那裡取得你所需要的資訊！無論經由哪種溝通管道都無所謂。透過電子郵件、親自問、老闆面對面時間、電話、在廚房或走廊上。唯有如此，老闆才會意識到你真的需要這些資訊。
- 和老闆協議你未來如何取得資訊的規則，如果老闆同意，或許可以開放你的帳號權限——至少你可以這麼建議。也可以在電子郵件系統中設定，把特定信件自動轉發給你，例如：有會議記錄附件的信件。

- 你的團隊成員都將資料儲存在共用的磁碟機或資料夾嗎？這也是讓資訊流通的好方法。
- 無論是在大企業或小公司，現在有很多方法能讓你和團隊及老闆的合作更透明化。請善用先進的技術，畢竟那是技術發展的目的。大企業通常已有明確的規則，你只需取得權限即可。小公司則可使用例如：Dropbox（分散式的數據交換）、Google的Docs-Funktion（任何形式的文件）、Slideshare（影片與簡報的交流）等線上工具，讓員工同時存取相同的文件。但這些設定必須有資訊科技專業人員的協助。

有這種特質傾向的主管：騷莎舞型、Freestyle型、布魯斯舞型。鬥牛舞型。

主管好像沒在聽你說話，你可以……

老闆歪著頭、眼神朝下，顯然沒在聽你說的話，不一會又一臉無辜地說：「怎麼了？你繼續說！」但你正與他討論一個重要議題，需要他全神貫注聽你說。你可以告訴老闆，自己待會再過來，並詢問祕書，老闆什麼時候有空。

在與老闆會談時，為了讓他全神貫注聽你說，你可以這麼做：看著他的眼睛，說話時偶爾停頓一下，這樣能讓老闆重新專注在你的談話內容上。

如果你老闆不是太拘謹的人，不妨試著幽默一點！例如：在同一件事上模仿跳針的語調，但這必須確定老闆能接受這種玩笑。基本上，向老闆傳達一個訊息不會花費你太多時間，你可以拿起話筒直接撥電話、發送電子郵件或直接找老闆談。但在這之前呢？最重要的是準備。

你必須思考，傳達訊息的目的是什麼？老闆對訊息的內容熟悉嗎？他目前的心情如何？你得做好萬全準備，讓老闆容易理解你想說的事。訊息內容最好簡明扼要、精確，每個訊息只有一個主題，同時考量老闆的理解程度、期待和特性。

「我沒聽過！我們沒談過這件事！」在這種情況下，對方可能會築起高牆，提高警戒。無論老闆是策略性裝傻或真的失憶，其實都無所謂，總之就是出現了問題。為避免未來再度出現類似情況，你應該事先做好萬全準備。花點時間確認重要事項，「那我現在該做什麼？」讓老闆重複針對重要事務給你明確的指示。最好幫老闆寫下所有待辦事項，這樣之後他才不會又有藉口。

如果老闆經常忘記自己的工作，那應該考慮建立一個新的組織系統。可以將老闆的工作清單建立在系統的行事曆裡，並叮嚀老闆祕書確實管理該清單，畢竟那是她的工作！你要定期提醒老闆重要的日期與即將到期的決策日期。偶爾可以用幽默感帶出這議題，但要特別小心，千萬別惹老闆生氣！

有這種特質傾向的主管：騷莎舞型、迪斯可狐步、Freestyle型、鬥牛舞型。

利用待辦事項管理主管的亂無章法

要是老闆做事亂無章法，卻能與雜亂和平相處，那就太好了，畢竟那是他的個人風格，即使你偏好其他工作方式，都該予以尊重。但如果你發現老闆老是忘記開會時間，或是在進行專案時突然不知所云，這時就該主動介入，提供必要的協助。可以請老闆的祕書從旁協助嗎？你在「老闆面對面時間」或開會時能提醒老闆重要議題嗎？

你可以設計時間表幫老闆監控嗎？如果有待辦事項，請即時提醒老闆。

做事方法經過多年的累積，自然會慢慢形成習慣，再加上人們常為了方便而沿用舊方式去處理事情。你要注意，不要讓老闆淹沒在例行事務中，這些事務交給其他人，可以更駕輕就熟地快速解決，此外，你也要主動確認工作內容是否與時俱進。

想解決老闆做事雜亂無章，也可以用比較人性化的方式，例如：獎勵制度。當工作進行順利或老闆有良好表現時，就給予獎賞，像是餅乾或糖果（看老闆的喜好）。沒錯，這一招並不是所有老闆都適用。

有這種特質傾向的主管：騷莎舞型、迪斯可狐步、Freestyle型、鬥牛舞型。

主管對新媒體一竅不通，該如何改革？

現在確實仍有很多老闆排斥新媒體——無論基於什麼不同的因素。如果你發現了這問題，也希望協助老闆，或許可以告訴他，你在新程式的「發現」，「您知道嗎？

使用……也可以……，我示範給您看，非常簡單！」你也能告訴老闆，自己從資訊科技部門得到一個很有趣的訊息，現在有許多很棒的程式，在進行視訊會議的同時，與會人還能進入電腦操作，也就是說大家不僅能彼此看到影像，還能一起工作。

誰說這不是革命！你可以不時強調，部分任務如果使用新媒體，將可以節省多少時間和人力成本。所有老闆都該趕上這股新媒體的熱潮！反正就是要竭盡所能地協助老闆，並與他分享你的新媒體知識。

有這種特質傾向的主管：會去找無線網路線的老闆……沒有類型限制。

工作太多，如何跟主管反映？

只要想到「好多工作」，不免讓人呼吸困難。現實生活中，我們要做的工作愈來愈多，能分攤的人卻愈來愈少。如果你經常有很多工作要，而且無法在上班時間內完成，通常有兩個原因：第一，你工作效率太差，但這不是此處要討論的議題；第二，你的工作真的太多了。

若是後者，絕對是亟需處理的管理問題，因為你簽訂的工作契約有限制一週工作的時間。若有突發狀況，你當然願意偶爾加個班，但加班變成常態……那就太不健康了。如果你不主動喊停，老闆自然也樂得輕鬆，就繼續這樣下去，所以你一定要終止這種情況，可以如何做呢？

- 我只能說：數字、資料、事實。如果你想讓老闆知道你的工作負荷太大，必須拿出證據來證明。哪些工作需要多久時間處理？你要處理哪些工作？
- 試著用幽默的方式，像是準備一個美味的蛋糕，上頭插著一張牌子，寫著：「今天誰不給我工作，蛋糕就是他的！」
- 你要主動思考解決方案，有沒有什麼技術或軟體能幫忙簡化工作？兩種報告可否合併？哪些地方還可以精簡？有同事可以幫忙分攤嗎？工作分配是否能有更好的安排？所有工作真的都必須完成嗎？
- 詢問工作的優先順序，有機會你也可以立刻與老闆溝通，某些工作是否不需要即時處理。

- 列出一份待辦事項清單，然後在「老闆面對面時間」與他討論（請參閱「老闆都不給我時間，該怎麼做？」）。
- 直接詢問老闆，是否能請其他人處理這件事，因為你手上還有很多待辦事項（你必須清楚說明這一點！）
- 老闆指派工作時，立刻詢問該工作的急迫性，這樣將有助於更好的時間管理。
- 請求同事的支援。或許有些人工作比較輕鬆？一定有這種情況！可以在員工會談時討論你的工作量問題，或是直接找老闆談，提出你的訴求。只有在最緊急的情況下，才需要向公司的職工委員會求助。

有該特質傾向的主管：騷莎舞型、慢狐步、迪斯可狐步、Freestyle型、鬥牛舞型。

最後一分鐘主管才交辦工作，如何回應？

每次都這樣！已經快下班了，桌子也整理好了，這時老闆才走進來。你馬上心知肚明他會說：「啊，還好，你還在！我有件小事急著……。」而這件小事又花了你超過半個小時，你等會還跟人有約呢！如果老闆常常這樣，該怎麼辦？

下次你可以在下班前一小時就問老闆，還有沒有事情你能效勞？若像剛剛那種情況，直接問老闆：「可以明天早上再給您嗎？因為我今天必須準時下班。」老闆的回答可能讓你訝異，「可以啊！明天早上再處理就行，只是我剛好想到……。」

如果統籌組織不是你老闆的強項，前瞻性規劃更不會是。若是如此，你應該善用「老闆面對面時間」來討論規則。你必須事先準備資料，並主動向老闆要求可以簡化額外工作的資訊和文件。

要是你沒時間做，就主動與老闆談論這個問題，否則就只有適應一途，老闆又有急件時，只好咬緊牙關忍耐，將其他工作延後處理。

有該特質傾向的主管：騷莎舞型、慢狐步、迪斯可狐步、Freestyle型、鬥牛舞型。

工作內容不符合契約，你可以這樣做

執行者必須勤奮不懈才能完成這類工作。勤奮是好事，也是重要的成功保證，有時甚至能勝過天分。然而，工作並不能只有勤奮！我的成功公式是：熱情＋勤奮＋堅持＋伯樂。如果你一直只做這些瑣事，當然無法樂在工作。工作契約裡若不只約定這些內容，還有其他工作要做的話，你可以這樣做：

- 讓老闆知道，你事實上比較適合哪個特定的計畫、你比較偏好的工作，因為你在這些領域的專業能為公司帶來更大的效益。
- 建議設置一個蒐集繁瑣事務的「工作箱」，並與其他同事分享。
- 製作一份成本效益分析，讓大家看清這些繁瑣事務的實際效益，並提出具體的改善建議。
- 和所有其他工作一樣，與老闆一起討論它們的先後緩急。如果你有多位主管，優先順序訂出來之後，請每個老闆確認。
- 這類工作的量如果太多，請找老闆談談。

• 做不完的工作就乾脆不要做，但你必須先告知老闆，以免造成嚴重後果。你可以提出問題：「在緊急情況下，哪些事情可以擱置不管？」

• 你可以適時展現幽默感，建議老闆推薦你為「本月最佳員工」。自製一個相框，把你的照片放進去，掛在你的位置上或老闆辦公室裡（如果老闆也懂幽默）。這或許有機會能讓你和老闆一起討論此問題。

有這種特質傾向的主管：騷莎舞型、Freestyle型、鬥牛舞型。

取得信任，避免主管派相同工作給不同的人

老闆派相同工作給不同的人處理，可能是因為不信任所致。如果真是如此，不僅會打擊到你的工作動力，還會嚴重影響心情！老闆為什麼這麼做？可能是因為他自己也不確定，所以必須參考更多的建議方案；或許他真的是在測試你的能力，看你會怎麼做？你可以和其他同事約定好，一律提供相同或類似的工作成果給老闆。不過這麼

做雖然很保險，卻不能解決「缺乏信任」的根本問題。缺乏互信基礎，基本上任何型態的合作方式都窒礙難行。當務之急應該是建立信任，那麼該怎麼做呢？

- 展現你的能力。
- 與老闆密切合作。
- 主動告知，並將你的工作和解決方法透明化。
- 讓老闆有安全感。

建立信任基礎後，你的老闆也就不需要玩這種不公平的遊戲了。如果你覺得這樣做太麻煩，或是依舊覺得不管怎麼做都不會改善，就該好好思考是否該另謀他職——就是另尋舞伴或更換舞池。

有這種特質傾向的主管：騷莎舞型、Freestyle型、鬥牛舞型。

如何處理主管常指派的特急件？

剛剛那件很重要，現在這件也很重要……工作的先後緩急竟可以如此瞬息萬變，真是讓人無所適從。老闆說：「這個必須馬上處理。」你回答：「但是老闆，這個會議紀錄我還必須先完成嗎？」他說：「不必，先放著，現在這個比較重要！」工作的急迫性經常變來變去，讓人神經緊繃，經辦人必須有極高的配合度。我們都理解偶爾有重要事務必須立刻處理，這在所難免。但你最好把握機會，與老闆溝通相關的規則。但千萬避免不恰當或諷刺的評論，例如：「是哦？又怎麼了？我也是可以先去把外牆塗成粉紅色啦！」

你最好直接詢問老闆：「好的，我會處理。但哪件工作可以延後呢？」不要讓自己置身於凡事必須自己決定的困境裡。原則上「急迫」和「重要」是不一樣的，哪些是急迫的？哪些只是重要？老闆有義務區分兩者，而不是由你決定。引領老闆是帶著他往正確的方向，而不是將工作全攬在自己身上！不然你自己當老闆就好了。

基本上，若你的工作已經讓你感覺不堪負荷，這就不是你的問題，而是管理問題。你要記得，工作契約上要求你一〇〇％投入工作，而不是一八〇％，超時超量工作不能是常態。把這個問題丟回去給老闆，如果你的老闆告訴你：「你的工作就是這樣！你要概括承受，所以不要抱怨！」顯然他無法感同身受，也不認為這是個問題。工作是一種循序漸進的過程，不該老是像在驚慌失措中打仗一般。

別人無法解決的事，不應該由你來承受後果，畢竟你的上頭還有老闆，他應該承擔這種管理問題，你唯一可以做的事就是做好自我管理。如果這樣仍無法徹底解決問題，請與老闆討論，共同找出解決或改進方法。

有這種特質傾向的主管：Freestyle型、鬥牛舞型。

主管情緒起伏不定，如何面對？

老闆有時心花開，平易近人，有時特別難搞，而且說變就變，翻臉像翻書。有些老闆就是陰晴不定，令人難以捉摸。有時你會覺得老闆是天底下最好的人，但不一會又瞬間變臉，或是下了不合理的指示。員工們常說：「他是雙面人！」

你要學習適應老闆，研究他何時會這樣，何時會那樣，然後試著預測他的反應。雖然必須忍耐，但不要太在意老闆陰晴不定的那一面，專注於老闆的正向特質和優勢，這樣你可以忍受嗎？還是愈來愈無法忍受？只有你可以決定，自己到底還要（想要）忍受多久。

有這種特質傾向的主管：騷莎舞型、Freestyle型、鬥牛舞型。

告知主管常溜班的嚴重性

你老闆常溜班的原因是「生命就該浪費在美好的事物上」嗎？一會兒是超長的午餐時間，一會兒又是無止境的抽菸時間，碰巧老闆今天又要早退？還來這招？再次留下你和一大堆工作。計畫進度嚴重落後，你又沒人可問。你老闆只是太懶了嗎？還是喜歡享受生命？或是特別會出一張嘴做事？

你不妨親自找老闆談一談，直接表示如果他經常不在，會造成你和團隊的困擾。

你可以說，希望老闆能以寶貴的專業知識和投入來支援團隊，成為團隊堅強的後盾。

讓他知道這對你很重要。如果之後情況依舊沒有改善，而且老闆的行為成了工作的一大阻礙，你就應該求助於其他單位，例如：更上一級的主管，向他們請示該如何處理這問題。老闆既然對你和其他同事不仁，那你們也無須對他太有義！

有這種特質傾向的主管：迪斯可狐步、Freestyle型。

主管是控制狂，如何解決？

如果你老闆連芝麻綠豆的小事都要管，有可能是他非常謹慎、不信任你或對情況沒把握，抑或是學不會放手。請牢記這個錦囊妙計：給老闆他需要的。如果你老闆很忙，需要你回報進度，那你就照做，將資訊一五一十地告訴他，並在每個階段之間請老闆提供反饋意見。如此，你下一次回報時就不必從頭說起，而且能藉此讓老闆隨時感覺「一切都在他的掌握中」。透過展現你能力，爭取老闆的信任。

儘管如此，若老闆依舊沒完沒了地追問細微末節的小事，表示可能還有其他原因。或許是權力遊戲？你威脅到老闆了嗎？他故意要貶低你？或是他極度沒安全感？你愈能清楚了解真正的原因，就愈能好好地加以回應。但大多數情況是因為老闆對工作品質有極高的要求。

有這種特質傾向的主管：慢狐步型、布魯斯舞型、鬥牛舞型。

這樣做，防止主管常站在身後注視

你知道有些老闆喜歡站在員工後面，看著員工電腦的螢幕嗎？那肯定會讓人毛骨悚然。如果有人直接站在我身後「注視」著工作狀況，我一定會突然不知所措。我平常打鍵盤的速度超快，但如果被人盯著，就會整個呆掉，心想：「這鍵盤要怎麼打啊？是用按的還是……。」

你必須想方設法不讓老闆進入你的「安全區域」。你可以在那裡擺放盆栽、改變桌子的位置，或是事先拉出一個抽屜但不要關上，讓老闆不能從那裡過去——除非他動手關上你的抽屜。反正就是製造一些障礙物，那是你的權利，同時昭告天下：這是我專屬的舒適區。

還記得第三章的跳舞空間工具嗎？你絕對有權擁有自己專屬的舒適區。如果沒有，請據理力爭，告訴你的老闆：「這份文件快處理好了，我馬上就拿去給您。但請您別站在我背後，我不喜歡這樣，而且這會影響到我工作。」你有權這麼說，奪回專屬自己的工作區。

有這種特質傾向的主管：騷莎舞型、迪斯可狐步型、鬥牛舞型。

25｜如何面對各種賞罰問題？

如何爭取主管的稱讚？

這是所有問題中最重要的問題。「不滿意」源自於不懂得讚賞，但老實說，公司不可能定期為員工完成例行工作而準備香檳塔或熱情的波浪舞，你也不可能每天幫老闆戴上皇冠吧！

你希望為何事、從誰那裡得到認同？認同是職場很重要的事，同時也是員工重要的工作動力。但你也要體諒老闆，不要期待得到不可能的東西。你要告訴老闆，完成某項特定工作有多難，並說明過程中你遇到哪些困難，最終如何解決問題，終於完成任務。這樣做就能不著痕跡地向老闆索取認同。

如果你期待獲得老闆的讚賞，必須先以相同的態度對他。你知道的：「你希望別人怎樣對待你……」知名管理顧問暨作者萊納德・史布萊格爾（Reinhard K.

Sprenger）說過一句很有道理的話：「讚賞是交易活動中的獎賞，你必須極力爭取，所以讚賞也是一種頒獎典禮。」[1]你絕對有權爭取你的獎賞！例如：直接在員工會談或「老闆面對面時間」提問，判斷老闆究竟滿不滿意你。「您對我的工作感到滿意嗎？您對我還有哪些期待？」如果老闆一直沒給你回應，你只能來硬的，或是在回家路上找間花店，買束花送給自己。

有這種特質傾向的主管：騷莎舞型、布魯斯舞型、Freestyle型、鬥牛舞型。

老闆常批評、指責，該怎麼化解？

你都還沒到辦公室，就老闆被罵了，昨天也是被罵了才下班，彷彿永遠都是受氣包，我的天！是啊，你都沒做對事情嗎？你怎麼做都不對，永遠不夠好。如果你不想每天被罵到臭頭，就該力圖改變，讓老闆注意到你的好表現，有時突破既有模式就能爆發無比的力量。當你一直受到批評時，不要指責老闆，但必須明確向他表示，這讓你感到多麼挫折和無力，並具體詢問自己該如何改進。

在工作中，你經常承受高壓和時間壓力，因此可能偶爾出點小紕漏，並對此也覺得很抱歉。即使老闆的批評具有正當性，你也應該善用這種情況，把它當作學習機會，這是積極的錯誤管理（請參閱第三章）。

「你應該要預想到這點！為什麼你不能即時反應？上個月你的工作態度就已經很散漫了，這到底是怎麼一回事？」這些話聽起來刺耳極了！一旦你激怒了獅子，就別想全身而退。你老闆如果經常用這樣的語氣責罵你，而不是認真與你討論錯誤本身，你可以心平氣和地問老闆，能否一起客觀討論這件事，不要責罵或是針對任何人。如果你的老闆回答：「這不是責罵，這是事實！」那你真的很難改變他的想法。

你可以向老闆保證，你會從錯誤中學習並改進，確保未來不會再犯同樣的錯。但他不應該用責罵的方式，而是給你有建設性的批評、反饋和建議。

有這種特質傾向的主管：騷莎舞型、Freestyle型、鬥牛舞型。

---

①作者注：《德國商業週刊》（*Wirtschaftswoche*）第二十期，二〇一四年五月十二日發行。

無法得到主管激勵，就自我激勵

要如何才能激勵你？我必須老實說，原則上沒有辦法！因為只有你自己能激勵自己，動力來自你的內在（熱情或心流），老闆頂多能啟發你。你可以給自己小獎賞或在團隊中互相鼓勵。不妨爭取能為你帶來快樂的工作，如果有機會就繼續進修，強化自己的能力。

另一種激勵的方法就是老闆，本身具備高度動力的老闆最能啟發員工。當你與舞伴共舞時，不是也期待能帶給對方快樂嗎？誰希望拖著一個了無生趣、沮喪、無聊的舞伴？你可以期望老闆也樂在工作、熱中於自我實現、勇往直前。他不一定要對工作有滿腔熱情，但至少得對自己有些許滿意。你也可以期望，你老闆能夠支持他自己的決定。你還可以期望，你老闆不僅能點燃他自己的熱情，也能點燃你心中的火把，因為只有熱情的人，才能散播熱情，並感染給他人！

但如何將這股熱情發揮到極致？如何鼓勵老闆來激勵自己？你必須不斷地體現並要求老闆創造能做為激勵員工基礎的價值，例如：明確的工作分配、資訊流通、彼此互敬、給予讚賞、遵守承諾、讓員工參與決策等。簡言之，他必須自己具備熱情，並能樂在工作！

有這種特質傾向的人：抱歉，就是你自己！

不受到提拔，你可以這樣做

老闆不提拔你，那就自己提拔自己！尋找能讓你個人、部門、工作和老闆都進步且有助益的工作，然後準備好資料，爭取進修機會。具體的做法是蒐集對你有利的證據。在你直接要求升遷、假裝不著痕跡地到處置放相關傳單（這招數對生活伴侶不管用）或對職工委員會砲轟之前，先蒐集好數據、資料和事實。你應該以更具說服力的做法來表現自己的優勢。並依照我們前面說過的，主動爭取進修機會。以下列舉幾個範例，協助你說服老闆認同進修的好處。透過進修可以：

- 實現你上一次目標協議會談曾與老闆約定的目標。

- 讓你成為老闆真正的附加價值。
- 你將更有韌性，能承擔更多責任。
- 更快速獲取更好的成果。
- 更順利執行程序導向的工作。
- 對改變（例如：公司改組）的排斥較低。
- 更專注在基本事務上。
- 更堅定目標的方向或定義新目標。
- 發揮你內在的資源和潛能。
- 明顯降低工作壓力。
- 達到更高的自我品質要求。
- 用更有效的方式處理更多事務。

如果你的老闆拒絕，可以問清楚原因。通常都是因為預算不足（這是「很好」的拒絕理由），而不是因為你的表現不夠好。但對優良的雇主來說，這並不是理由。你應該馬上將這一點納入下次員工會談的討論項目，也要明確地讓老闆知道，以便他做更好的安排，因為工作動力十足的員工應該有繼續往上爬的空間。一個值得你持續為雇主開發並投入自身潛能的工作，值得被重視。員工如果願意自我成長，優良的雇主應該樂見其成。

重要的是，不要在第一次嘗試失敗後就鬆懈下來。繼續努力，在適當的時機一次又一次強調某項進修的重要性。

信念來自於信任，信任則與充分的資訊息息相關，而這正是你可以使力之處！仔細準備相關資訊，並在有利的時間點提出。當與老闆討論某個專業問題時，你可以巧妙提及自己所知道的內容，或是刻意提出來討論。

有這種特質傾向的主管：騷莎舞型、Freestyle型、布魯斯舞型、鬥牛舞型。

面對主管總是誇讚其他同事……

「你有看到舒爾茲是怎麼做的嗎？太厲害了！真希望我也能這樣，你也是。他的態度從容、有自信，而且直接命中要點。舒爾茲，今天一起吃飯如何？」

老闆這麼說，可能是在暗示不滿意你的工作表現，他其實不應該這麼做，但好吧！那是他的作風，你能怎麼辦？不妨直接老實說，下次有機會時，你可以告訴老闆：「您總是稱讚舒爾茲，他做得真的很好。但您可以直接告訴我，我有哪些地方需要改進？」這時老闆可能會說：「沒有啊！都很好，我對大家一視同仁——我對你特別好，你應該沒什麼可抱怨的啊！」慘，這種情況最難應付。

如果老闆未察覺自己的錯誤，那就直接告訴他。你可以告訴他，他用這種方式誇讚其他同事，會讓你感覺被貶低了。如果老闆沒有回應，那是他活該，因為他將失去你的認同和敬重。你應該繼續忍受嗎？你的潛能若無法被發現，這裡還值得你眷戀嗎？老闆有責任強化團隊的每位成員，如果他做不到，就是他失職。

有這種特質傾向的主管：Freestyle型、鬥牛舞型。

這樣做，幫主管凝聚團隊向心力

德國有句諺語說：「魚從頭開始發臭。」老闆如果無法凝聚團隊向心力，顯然缺少領導優勢、信任、透明度和團隊精神，而這些正是團隊的價值。聰明的老闆都知道，在職場若能有一支合作無間的團隊，等於如獲至寶！不諳此道者注定失敗。我常說：「你一〇〇％，我一〇〇％，加起來就有二〇〇％！」若有一支八人團隊……哇，就如同千軍萬馬的氣勢！如果你發現老闆不重視這些關鍵價值，可以自己為團隊向心力盡點力，但不要扮演老闆的角色，否則可能會引起同事們的不滿。

你可以積極發言、提問或討論各種事件，讓老闆看見你的作為，使他知道團隊合作的好處。如果老闆無法凝聚團隊，那就你自己來做！但我必須說，如果老闆不懂優秀團隊的價值，那他在這裡應該也無立足之地，因為合作無間的團隊是公司最重要的資源之一。老實說，你也不必什麼都管，只要主動表達你希望團隊合作更順利的期望。許多能增進團隊合作的好方法，都可以推薦給你的老闆。

有這種特質傾向的主管：騷莎舞型、Freestyle型、鬥牛舞型。

提醒主管進行員工會談

公司的員工會談制度立意很好，是你和老闆溝通的管道，能強化彼此的互信、資訊交流及化解衝突——前提是有確實執行。基本上，員工會談的目的是讓彼此一起回顧過去和展望未來。過去有哪些好的和不好的表現？哪裡還可以發展潛能？雙方彼此的期望為何？

公司不一定要舉辦員工會談，但如果重視人事政策，大多會在聘僱、試用期結束、有衝突危機時舉辦，或直接以此為定期溝通的工具。老闆和員工可在會談設定新的協議與目標，或是討論尚未決定的議題。如果能和簽訂契約一樣，雙方在會談結束後各自簽名以示負責，這能展現你們對會談的重視，並同意會談結果具有約束性。

- 詢問老闆是否能定期舉辦員工會談，也可以向人事部門確認舉辦員工會談的可行性。
- 提醒老闆員工會談還沒進行，如果老闆無動於衷，而你有重要議題要討論，可以求助於人事部門或職工委員會。

・開門見山地告訴老闆，你希望在員工會談時討論老闆的豐功偉業。

有這種特質傾向的主管：騷莎舞型、Freestyle型、布魯斯舞型、鬥牛舞型。

怎麼做才能得到主管的回饋？

對員工而言，老闆任何型態的反饋意見都很重要。因為唯有如此，你才會進步並持續發展。反饋意見就是所謂的成長衡量標準，如果以跳舞來比喻，就是對你的評分。反饋有正面和反面兩種，但這裡的反面並不表示你全都做錯。

如果老闆不給你反饋意見，就自己蒐集資料吧！例如：詢問其他同事或朋友、看專業雜誌等。當然你也可以主動向老闆要求反饋，因為反饋的另一層意義是你的工作被看見、受讚賞。重點在於向老闆要求時的語氣和方式，而這是你可以控制的。

有這種特質傾向的主管：騷莎舞型、布魯斯舞型。

主管對你的評價與表現不符，你可以……

如果你老闆對你的評價比你對自己的高，那就相信他，然後高興地接受讚美。如果相反，那你應該找老闆深談，問他為什麼和你有不一樣的看法，並請他詳細告知，為什麼在某項工作或專案對你有那樣的評價，並說明自己評價不一樣的理由。或許老闆已記不得所有細節，你必須提醒他，過去這幾個月你完成的實蹟。你自己也要準備一份年度工作紀錄之類的文件，詳細記載你這一年完成的工作。有時老闆對你有不同的評價，也可能是因為對你有更高的期待，如此你們更該從過去學習，並針對未來的工作目標和完成度做更好的安排和討論。

如果你們無法達成共識，可以問老闆未來你該如何改進。此外，這也是爭取參加研討會或進修機會的完美時機。但如果你還是很介意，就應該誠實告訴老闆，一起找出解決方法。

有這種特質傾向的主管：騷莎舞型、布魯斯舞型、鬥牛舞型。

如何與主管談判加薪？

如果老闆承諾過會給你加薪，你應該不需要每三年就提醒他一次，若是這樣你也太沒耐心了……言歸正傳，唯一方法就是要求、要求、再要求——但要運用談判技巧。我們在日常生活中常會與人談判，例如：在跳蚤市場買衣服、在大賣場買了有瑕疵的工具等，這些經驗無形中把你淬鍊成真正的談判專家。但你自己的薪水呢？怎麼不施展一下這些談判技巧？我們先來看看無法成功加薪的五大錯誤：

錯誤一：準備不充分

「啊！今天是我的員工會談日，順便問問老闆能不能加薪！」你想在毫無準備的情況下去談加薪，這麼臨時？那就祝你成功嘍！你希望公司同意為你加薪的有利證據在哪裡？你憑什麼「值得」更高的薪水？

錯誤二：錯誤的謙虛

「但老闆應該知道我表現很好啊！他每天都看在眼裡。」典型的錯誤謙虛！這種人堅信如果自己值得更高薪，老闆應該會主動提起，我常稱之為「婦人之仁」，因為女性特別會犯這種「錯誤謙虛」錯誤！

錯誤三：錯誤的時機

「啊！剛好遇到您，我有個問題要談。」談加薪不應該這麼草率，必須要有專業的事先準備。

錯誤四：缺乏自信心

「其實我覺得，現在如果可以或可能給我加薪……那就太好了，您覺得呢？」如果你對自己沒有信心，那如何讓別人信任你？這麼做只會碰壁！

錯誤五：屈服於藉口

「我很想幫你加薪，特別是你！這是你應得的，但我也愛莫能助，董事會的決定……很抱歉。」如果你的回答是：「啊！真的很遺憾，但這也沒辦法。還是很感謝您。」這就錯了！千萬別那麼快屈服。

如果你想爭取加薪，在與老闆談加薪之前，必須要有中期至長期的準備，最好用一整年的時間來蒐集證據。為什麼你應該被加薪？你為公司帶來哪些利益？你可以用數字來證明嗎？

先有付出（工作），才會有快樂（金錢）。當然也有例外情形，如果之前已經協議好工作內容，但後來你的工作量大增，增加的部分理應以加薪來表示。

表現出你能理解對方的難處，但不能因此退縮：「我當然能理解這情況，但我也必須讓您知道……」無論老闆的藉口是什麼，請務必保持客觀、尊重，並且讓證據自己說話。如果公司現在真的無法為你加薪，也要有備案。公司能用什麼方式來彌補你？例如：補貼或支付進修費用、提供公司車、額外的休假日、提供更好的辦公室或新的辦公設備……其實還有很多可能性，就看怎麼談判。預祝你馬到成功！

有這種特質傾向的主管：只要與錢有關，所有類型都一樣！

主管不守承諾，如何提醒？

「但我一定會為你加薪／爭取進修／減少工作量，一言為定！」但從此以後隻字未提，你聽過老闆這類空白的承諾嗎？許多老闆喜歡空口說白話，快速承諾，以此平息員工的要求，讓自己耳根清淨。

如果你發現老闆的話不能信，只能利用老一輩人常用的備忘錄來對付他。沒錯，現在仍然有備忘錄，只是形式比較新潮，像是以電子郵件確認。你可以在信上寫著：「非常感謝這次有建設性的對話，在此再次簡短記錄其中幾項要點。我們針對以下內容達成共識……。」信件結尾處再很有禮貌地請老闆簡短回覆，確認內容是否無誤，之後還要偶爾提醒他。等到時機成熟，你可以和老闆約時間，談論具體實現承諾的細項事宜。

有這種特質傾向的主管：所有類型都一樣。

這樣處理晉升機會落空

你一直努力不懈，希望有朝一日能升上某個職位，但突然殺出程咬金，令你難以置信，彷彿被人狠狠地揍了一拳。之前老闆還信誓旦旦說這職位非你莫屬！這時你絕對不能太激動，至少在辦公室要維持平常心。你可以嘶吼、吶喊、打牆壁、作嘔——但不能在辦公室。你也可以咒罵、毀謗、詛咒——只能在家裡、車上或其他地方。

先放下你的挫敗感，然後再去找老闆，這時你才能稍微客觀、理性地談論這件事。詢問老闆為什麼是那位同事晉升，而不是你？你可以說自己感到非常失望，原本以為那個位置應該非你莫屬了。接著問老闆，你是否還有其他可能性或機會？那位同事為什麼比你有資格？談話時請務必保持理性，並試著將這次打擊當作學習機會。

如果你一直苦等晉升機會，但一次又一次落空，或許該思考為什麼會這樣，會不會是老闆故意要貶低你？如果是這樣，那你該認真思考另謀他職的可能性。找一間願意成就你偉大的公司，在那裡運用你的專業能力並發揮潛能。

有這種特質傾向的主管：Freestyle型、鬥牛舞型。

如何面對主管不相挺和暗算？

老闆不挺員工，這種感覺肯定讓人很不爽，因為那等於是公然拒絕你。我有不一樣的經驗，我老闆不管任何事（即使是小事），也總是站在我這一邊。員工能受到這樣的支持，感覺一定很窩心，而且會心想：「我也願意像老闆挺我一樣挺他！永遠！」不過這有一些缺點，我們稍後再談。職場是一個混雜各種角色的社群，要組成一個運作無礙的團隊實屬不易。團隊裡有形形色色的人，每個人節奏也不同。

當情況不佳時，你老闆會在旁邊協助你嗎？或者就像歌詩達協和號觸礁事故（Costa Concordia disaster）時，率先棄船逃生的那位船長？太好了，最糟也不過如此。當情況不如預期時，你老闆若將過錯都推給員工，或甚至棄員工於不顧，那你對他的信任自然也蕩然無存！像你這麼珍貴的員工，為什麼要為這種人效力？

如果經過多次溝通後，你老闆仍沒有改善，那麼基本上只有兩種可能性：你從此不再犯錯或是另謀他職！當老闆再次暗算你時，如果你當眾駁斥他，長遠來看情況可能會更糟糕，甚至不堪設想。所以，你打算怎麼做？繼續忍耐嗎？

有這種特質傾向的主管：Freestyle型、布魯斯舞型、鬥牛舞型。

避免主管懷疑的方法

你老闆知道你值得信賴嗎？你曾經證明過嗎？你的答案可能都是否定的。何謂信任？就是懷疑的相反。

你老闆會有強烈的控制欲嗎？他應該知道，員工的工作方式絕不可能與自己相同。多年來，都是你負責處理同一份報告，經手的報告大多精確無誤，為什麼他總是要鉅細靡遺地檢查？

你應該讓老闆清楚知道，你確實已經全都檢查了，向他證明沒有再次檢查的必要。你可以告訴他：「這是報告，前幾年的都檢查過，公式也確認了。此外，我也做了可信度測試。與其他部門都確認了。」總有一天，即使是最挑剔的老闆，也會意識到你確實值得信任。你也能直接問老闆，該怎麼做才會讓他比較放心，願意放手。

有這種特質傾向的主管：騷莎舞型、Freestyle型、鬥牛舞型。

26 當主管侵犯個人空間時，怎麼辦？

如何面對主管行為舉止粗魯？

你老闆有挖鼻屎的習慣，而拿給你的所有文件上到處有鼻屎的痕跡。他吃飯時食物灑得到處都是，還會用叉子搔下巴，講話時手上的刀叉在空中比劃，甚至還把褲子當餐巾紙？真噁心！在與事業合作夥伴開重要會議前，他大啖希臘三明治加黃瓜優格醬，還加了雙倍蒜頭！再加上他早上出門時太匆忙而來不及噴上體香劑……那可真是一場災難。但除了上述行為外，他算是個好人，你覺得……？

身為員工，即使老闆的行為舉止這麼粗魯，你也要挺他。況且，個人行為舉止這種議題很難處理。該怎麼辦呢？偷偷把臉轉到一旁，視而不見？你可以這麼做，但保證他也不會改善。討論？視情況而定，如果有他人在場，特別是在客戶和事業合作夥伴面前，你應該先置之不理（或說視而不見），不然就是先以身作則，透過自己的行為替老闆「示範」怎麼做才正確。

但如果你的老闆眼不明手不快（在前述的例子中，他應該就是這種人），那這些方法大概也沒什麼用。我還能說什麼呢？你要麼繼續忍受老闆用迴紋針挖耳朵或打雷般地擤鼻涕——還自詡是喬治．克隆尼（George Clooney）或超模海蒂．克隆（Heidi Klum），要麼專心地默念正向祈禱文（是的，他會用迴紋針挖耳朵，但是……）。

如果你和老闆的關係還不錯，也可以私下和他討論這議題，但一定要特別謹慎。如果你想更刻意一些，而你老闆也夠幽默的話，不妨送他一本禮儀書、一大盒棉花棒或禮儀講座的禮券。

有這種特質傾向的主管：Freestyle型、布魯斯舞型、鬥牛舞型。

主管早上都不打招呼

沒錯，這確實很沒禮貌，但老實說，如果你知道老闆有起床氣，在喝咖啡前嘴巴吐不出象牙來，大概就是這麼一回事！不是每個人一早起床就能活蹦亂跳，一臉神清氣爽地進辦公室。讓老闆有時間清醒，即使他只是以點頭代替「早安」，你也該滿足了，至少接下來的一天會順利一些。如果你老闆沒察覺你認為這種行為很沒禮貌，或是你真的很在意，不妨直接告訴他：「請問如果早上跟您打招呼，會打擾到您嗎？還是您希望不被打擾？」相較於其他惡習，基本上這根本不算是問題。如果除此之外，你老闆沒什麼可挑剔之處，那你真該感到幸運了。

然而，若老闆的壞心情是常態，喝完咖啡後仍見他眉頭深鎖，表現出憂鬱的傾向（請參閱「老闆老是心情不好，該怎麼做？」）你也不必強迫自己忍耐。

有這種特質傾向的主管：騷莎舞型、Freestyle型、布魯斯舞型、鬥牛舞型。

主管忘記你的生日

又是個不算是問題的問題。不過我可以理解，員工為什麼會因為老闆忘記自己的生日而生氣，畢竟工作關係不僅建立在勞務和薪水的基礎上，我們也在其中投入了心血。老闆忽視員工的生日（或許甚至連到職週年紀念日也是），等同於對員工的關注不足。這可能是因為健忘所造成，也或許是老闆的自我管理能力有問題——有時則是兩者的結合。

老闆如果忘記你的生日，該怎麼做呢？很簡單，提醒他或請他祕書幫忙提醒。最好在生日前幾天就有明顯的暗示。生日前一天請同事喝飲料做為慶祝，這樣應該就萬無一失了。

有這種特質傾向的主管：騷莎舞型、Freestyle型、布魯斯舞型、鬥牛舞型。

怎麼回應老闆的傲慢？

「來吧！孩子，這沒那麼難。你一定辦得到！」這真是傲慢！我只能說，傲慢為失敗之母。一個人覺得自己壯大時，對方才會變弱小，這是千古不變的定律，或許這是老闆的計謀或過往一貫的行為模式，並成了他個性的一部分。

根據我的大眾心理學，傲慢行為總與自信不足有關，我深信當我們愈能意識到自己的優勢，就愈有自信，自我安全感也會增加，進而提升整體的自我價值感，這是可能的邏輯順序。不過有些人的邏輯順序演進似乎不充分或不齊全，必須透過其他方式補強，也就是內在所欠缺的，必須仰賴外部輸入，於是產生了這些傲慢的行為模式，但如前面所說，這只是大眾心理學的概念。

如今，活生生的範例就在你眼前，他或許還老氣橫秋地拍拍你的肩膀，這時該如何反應？你大可以回答：「我沒有冒犯的意思，但我不是你的孩子！」基本上，職場上不允許用手觸摸對方，這是絕對的禁忌（生日擁抱除外）。建議你讓肩膀閃開，整個身體稍微欠身，與老闆保持距離或躲開他的動作，透過身體語言來暗示對方：「你剛剛的行為不妥。」你老闆會察覺，若是順利他會漸漸停止無理的舉動。

請捍衛你的跳舞空間與安全區域！持續以平等的態度對待老闆，你自己絕不能看低自己，否則就真的變成了「孩子」。這是工作，不是家族聚餐，「與人共事」和「接受父母指導」不同，你絕對有權一而再、再而三地以友好而堅定的口氣表達，讓老闆明白這件事。

「沙文豬撲滿」則是比較幽默的解決方法，這隻可愛的豬撲滿最喜歡吃帶有歧視或惡意的沙文言論，說錯話的人自動投錢（罰款五歐元）。我知道有許多公司裡設置這種豬撲滿。

有這種特質傾向的主管：Freestyle型、鬥牛舞型。

如何讓主管體貼家有幼兒的員工？

家庭事業蠟燭兩頭燒已經夠累了，如果再加上老闆來攪局，實在更慘不忍睹。如果你已經發現問題，並需要更多的支援，方法只有一個：主動爭取！

我有幾個建議，能協助你與老闆討論公司是否能有更多的友善家庭政策。你可以先初步了解一下公司對友善家庭的想法、是否已有類似的措施（其實只要直接問，就能獲得詳細的資料），此外你還可以：

- 和其他有相同情況的同事聊聊，或許能共同找到不同的解決方法。
- 具體詢問公司的建議，或是查詢有沒有專門舉辦一般家庭照護講座活動的單位或組織。這是公司必須面對的問題。
- 搜尋市場上協助企業執行友善家庭計畫的公司，你可以針對自己的情況尋求協助，但或許必須先跟公司談一談。

你最好採取主動，因為許多企業都已知道友善家庭的重要性和好處。

有這種特質傾向的主管：騷莎舞型、Freestyle型、布魯斯舞型、鬥牛舞型。

主管希望以平輩相稱，但你不想，怎麼做？

當然就是直接告訴他啊！你絕對有權說不。在職場上使用尊稱是完全合理的，即時整個部門都以平輩相稱，你維持尊稱也不會破壞團隊精神或向心力，只要有明確的規則，就能讓人接受。我之前工作的公司曾書面要求，部門合併後所有人一律以平輩相稱。這真的很可怕，因為我不想突然被他人硬性規定以平輩稱呼高階主管（我想他們也不願意）。於是我們都盡可能避免碰面，幸好最後還是可以維持尊稱。

你老闆如果希望和你以平輩相稱，你可以這麼回答：「哦！這真讓我訝異，謝謝您的信任。但老實說，我的原則是在職場上不和主管以平輩相稱，因為曾有過不好的經驗，這種方式最後可能導致衝突發生。這完全與您無關，但如果我們能維持現狀，我會感覺舒坦一些。總之很感謝您！」這樣既不會得罪老闆，也能讓你脫身。或者你也可以選擇折衷方案，以去掉姓的方式尊稱。

有這種特質傾向的主管：騷莎舞型、迪斯可狐步型。

休假時，主管常打電話來，如何解決？

很簡單：如果出門度假前就預料到老闆會一直打電話來問問題（其中不乏無關緊

要的小問題），那就把公司手機放在家裡。但你必須事先告知，在休假這段時間已經做好充分的交接，並詳細確認所有問題都已釐清。你必須強調（最好多幾次）自己休假期間無法聯絡，以確保不受干擾、完全放鬆的假期。祝一路順風！負責任的企業甚至會希望員工明白地告訴老闆，下班後或休假期間不接手機。先進企業更以技術方式禁止特定時間的電子郵件收發，例如：福斯集團。

有這種特質傾向的主管：騷莎舞型、Freestyle型、鬥牛舞型。

27 如果主管犯了工作禁忌……

主管說謊不老實

謊言經不起考驗。一個人老不老實，從外表看不出來，如果你老闆是雙面人，那無論是個人資訊或公司業務都得格外小心。如果發現老闆說謊或故意散播扭曲的事實，你當然不會再相信他。但你有勇氣跟他討論這件事嗎？

這不是容易的事。有時你可以委婉扭轉情況「不是，真正的情況是……」雖然這招大多時候並不管用。

你要不時提醒老闆事實，備忘錄或任何書面提醒皆適用於此。你了解愈多，就會發現愈多老闆不老實的證據，但你設置的防堵網路愈密集，老闆不老實的行為就愈無機可乘。

但無論怎麼做，絕不能公開揭露老闆的不老實行為。你可以在私下會談時誠實地告訴他，並根據其行為的嚴重程度進行糾正。

有這種特質傾向的主管：Freestyle型、布魯斯舞型、鬥牛舞型。

主管盜用你的創意

前一秒老闆還大力讚揚你的創意出色又實用，但下一秒你赫然發現，呈給總經理的會議紀錄竟載明這想法源自於你老闆。這未免太過分了！明明是你的創意，老闆怎麼可以這麼做？然而，現在該怎麼做？首先要放下自己的挫折感，好好平復情緒，否則無法針對事實與老闆討論。你可以採取以下戰略：

- 心平氣和問老闆，是否有告訴總經理那是你的創意。若他否認，就追問他為何不這麼做。如果他的說法無法說服你，你一定會覺得被利用。這不是有建設性和互信合作的基礎。你有權得到應得的認可！

• 詢問老闆，針對這計畫你該如何協助他。表明你能提供後續詳細的書面資料給總經理，為該計畫奠定專業的基礎，同時要求你的名字也必須列在「制訂者」下方。這或許讓你老闆有點為難，但他也不敢發飆。遇到這種事，千萬不要放棄爭取你的權益！

有這種特質傾向的主管：Freestyle型、布魯斯舞型、鬥牛舞型。

在他人面前對你言語霸凌

這根本不是問題，絕對是禁忌！首先，你老闆用這種方式羞辱人，也等於羞辱自己。當然，如果你不願意承認，也能自我安慰或告訴自己：「我老闆不是脾氣暴躁的人，只是『情緒起伏比較大』。」但老實說，你想騙誰呢？

其實很多老闆並不是故意要表現得那麼可怕，有些是因為自己的不確定或情緒激動而一時失控，事後也為此感到後悔不已。更重要的是，你應該私下找老闆冷靜談談，請他下次在個別談話時指正你的錯誤，而不是在眾目睽睽之下。要明確地讓老闆知道，不應該越過底線，而且不能用粗暴的方式，否則情況會更惡劣。當老闆在別人面前或私下對你大聲咆哮時，你可以一走了之，沒人應該被這樣對待，這也不是合宜的管理方式。所以遇到這種情況時先離開現場，稍後再談。晚一點你就會明白，你老闆是否有察覺自己的錯誤行為。

若情況太過惡劣，你可以採用我最近從一個研討會學員那裡聽到的「小學一年級生原則」：用對小學一年級生的口吻對盛怒的老闆說：「不要鬧了！這是不對的行為！請您現在回去您的辦公室平靜情緒！二十分鐘後再出來向我道歉。」

你必須勇敢一次！這是可以練習的。那位研討會學員就辦到了，他老闆真的在二十分鐘後來向他道歉了！大多數老闆「其實」也知道這種行為很不應該，只是很多老闆可能因為壓力或其他原因而一時失控。如果你老闆經常用這種最簡單、廉價的管理方式，那你應該思考是不是要繼續忍受。從老闆對你咆哮的那一刻起，他對你毫無尊重可言，你對他的敬重也蕩然無存。你還想在這樣的工作環境中待多久呢？

有這種特質傾向的主管：Freestyle型、鬥牛舞型。

主管是八卦的始作俑者

有些老闆天生就愛咬耳朵、嚼舌根，唯恐天下不亂地亂放謠言。為什麼老闆要這麼做？因為他們也只是人？確實有可能，但有時背後或許有其他不為人知的陰謀。放出或煽動謠言是一種權力工具，主管們為了爭奪頭銜或職務，有時也會操弄這種不公平的工具。

當你老闆站在你面前，開始大肆批評或露出微妙表情時，你千萬不要隨之起舞，也不要有任何反應！也許你可以說：「不予置評。」或說：「我知道的資訊太少，不足以下評論！」你老闆或許還會再試幾次，但如果你一直維持這種基本態度，他很快也會感到索然無味，久而久之就不會再拿這種事煩你，而你的最終目的就達成了。重點是要有耐性。

有這種特質傾向的主管：Freestyle型、鬥牛舞型。

在背後說你壞話

這種行為就像小學生一樣，非常幼稚。如果你發現老闆確實有這樣的行為，請好好地與他談談，了解他這麼做有何目的。當然你老闆極有可能不承認，但無論如何，你要表明自己已經知道了，而且受到傷害。當然，你的心裡一定很不是滋味，但即使如此也不要指責他，否則只會適得其反。我能理解你的生氣、失望、恐懼、憤怒和其他情緒不斷高漲，但你必須先將這些情緒擱置一旁，絕不能帶著激憤的情緒去找老闆理論。

私下理性地和老闆談，並以「我訊息」表達這情況嚴重影響到你的情緒。如果之後情況不見好轉，反而更惡化，你應該查詢公司內部是否有仲裁單位。愈來愈多企業內部設有協調機制，而上述情況已非常接近所謂的「Bossing」，也就是「受主管霸凌」。但是請注意，不要太過濫用「霸凌」這概念。霸凌是指出現失衡的情況，並且被害人無法靠自身力量擺脫。

有這種特質傾向的主管：Freestyle型、鬥牛舞型。

使用陰險的伎倆對付他人

資訊被竊聽、文件不翼而飛、謠言滿天飛、謊言盛行，四處戰火硝煙瀰漫。你一開始只是覺得有點異樣，後來才發現自己的老闆就是始作俑者。你感到為難，因為如果揭發惡行，你老闆很可能矢口否認，甚至把你一起拖下水。我不太相信當惡行被揭發後，你老闆會一五一十地承認，然後說：「你說的沒錯，我感到很慚愧。我會馬上收手！」不可能，情況通常完全相反。

遇到這種問題，你只有三種方法：第一，直接視而不見，然後什麼也不做——缺點是以後回想起來可能會有遺憾，也會有共犯的罪惡感。第二，展現你的骨氣，向職工委員會舉報這項惡行——但會承受背叛自己老闆的負面感覺。第三，直接找老闆談——可能會面臨被老闆報復的危險。好吧，原則上還有第四種方法——另謀他職，但說總比做更容易。

沒人能幫你決定，你必須自己找出最正確的途徑。如果我陷入同樣的情況，我會向老闆發出不一定明顯卻足以引起他注意的訊號，讓他知道我認為他的行為不恰當，甚至不會參與或提供支援。

如果老闆還有一絲良心，應該就會察覺到。我誠心給各位最後一個建議，遇到這種情況時，最好向值得信任的人求助，告訴他整個情況並尋求建議，或許你們可以一起想出解決方法。

有這種特質傾向的主管：Freestyle型、鬥牛舞型。

要求你去當間諜

你可能跟老闆有以下這段對話。老闆說：「你不是跟布萊特麥爾小姐很熟嗎？去問問看有沒有下次董事會會議的文件。我想先拿到那份文件，但別讓舒爾茲知道。」你回答：「不行啦！最好別叫我去，我不擅長這種事。」老闆說：「你別這麼大驚小怪，這又沒什麼！」你搖頭說：「布萊特麥爾小姐上次看我的眼神已經很奇怪了，我覺得不妥當！」老闆提高音量說：「妥不妥當讓我煩惱就好！你不用管，去做就對了，你是我最得力的助手，不是嗎？」

出現類似的情況時，你若堅持不同流合汙，久了老闆就不會找你。如果他威脅要解僱你，此時是否屈服，則考驗你的道德、價值和榮譽感——有時可能還要加上經濟情況。但即使屈服，你過得了良心那一關嗎？千萬不要讓老闆壓迫你！如果遭到嚴重威脅，請務必尋求同事、其他主管或職工委員會的協助。重點是「說出來」！你必須擺脫它，否則它會一直如影隨形，一直困擾著你。公開談論它，這議題的力量就會逐漸消失。

有這種特質傾向的主管：Freestyle型、鬥牛舞型。

被主管騷擾

這是個棘手的議題。方法只有一個，就是明確但友善地告訴你老闆要自制，他這麼做已經越界了。

發生這種事情，最重要的是你必須堅持態度。此外，你應該將對方這種直接或下意識的攻擊訴諸大眾並加以討論。不要獨自忍受這種負面感受，立即求助於「盟友」，例如：職工委員會。老實說，沒人必須忍受這種事，當事人務必即時遏止，以免這種行為變本加厲。

有這種特質傾向的主管：所有類型的老闆都可能有這種不良行為。

主管在派對上大爛醉

參加節慶派對就是這麼一回事，彷彿來到另一個世界。只見會場杯盤狼藉，眾人同歡，飲酒作樂。

在這裡你還能見識到同事有別於工作的另一面，讓彼此更加親近，偶爾還驚喜連連！有些平常你以為不可一世的同事，在私底下竟如此和藹可親，其他同事也露出人性化的「真面目」。而你到現在總算也才親眼見識到「老闆也只是人」這個事實。

派對酒酣耳熱之際，大多數人的行為舉止還算在可接受範圍內，但總有「突發狀況」，令大家共度一個尷尬又可怕的夜晚。

許多人黃湯下肚後就像變個人似的，這是自然現象。某些人甚至會表現令人意想不到的面向。如果你的老闆酒後行為脫序，該怎麼做？通常是兩種方式：其一，視而不見；其二，與其他同事聊天，故意躲開他。

如果你有足夠勇氣，也可以用幽默的方式向老闆暗示或明示，例如：「您再喝一杯，酒業就有救了。」如果明示加暗示都無效，最後一招就是老實說：「我想您喝太多了，我們明天早上再聊。」這樣說已經很有勇氣了，只有少數人敢這麼做。如果是我，我會巧妙且不引人注目地趁機溜走。

如果老闆已開始出現可笑行為，你應該立刻處理，直接告訴他：「您顯然已經喝太多了，同事們都注意到了，待會就會開始竊竊私語，建議您最好現在就回家。我幫您叫計程車。」如果你不方便出面，可以請與老闆親近的同事處理。在這種情況下，最重要的是保住老闆的面子、聲譽和權威！

大家的酒量都不同，但原則上每個人都可能酒後失態！

呼，看了這麼多狀況，引導老闆可真累人！但請相信我，萬事起頭難，其實老闆們都很有學習天分，某些老闆甚至很有學習欲。此外，應該也不會有哪個老闆七十七種惡習一應俱全吧！無論如何，你很快就會發現，老闆舞技愈厲害，你們兩人愈能樂在工作。

自我負責和主動性能為你帶來更多自決空間，因此多努力一點也是值得的。領導的黃金法則——尊重和約束力，不僅適用於老闆，同樣也適用於身為員工的你，因為你也有引領老闆的責任！

第4幕

放手——如何優雅退場？

第六章

如有必要，就換舞伴！

老闆的手透露出許多訊息：

若他手裡拿著一把手槍，極可能表示他很憤怒。

這是跳舞

跳舞很輕鬆，但只有在兩人舞步協調時。要和舞伴合而為一，優雅地在舞池裡舞出曼妙舞姿，這需要耐性和同理心。但共舞的兩人不太可能合跳每一支舞，或是從一開始就不對盤，跟不上對方的節奏，觀眾還以為雙方是在打架而非跳舞。這樣不僅讓彼此感到疲憊不堪，更無樂趣可言。所以在音樂結束之後，最好禮貌地鞠躬道謝、道別，然後轉身再去找另一個比較合適的舞伴。

這是工作

如果老闆總是牽制員工，讓他動彈不得，這樣的合作關係對兩人都不是好事！同樣地，如果老闆把權力和控制權緊握在手中，只想執意朝自己的方向行進，這樣的合作關係也不會有未來。如果你不時感覺被綁手綁腳，只能聽命行事，你能怎麼做？也許可試著承擔部分的引領工作，但你也能試著尋找新雇主，一個可以讓你發光發熱、願意認同、重視和尊重你的老闆。痛苦超越了極限：當你發現自己不再感到快樂；當你無法再繼續下去；當你感覺這裡不再適合自己。不過貿然辭職也不妥，因為這職務至少還有存在的必要性。可以多忍耐一段時間，但總有一天得結束，當不再快樂，就勇敢尋找下一個重新開始的機會。

28 離職前，先思考現狀能否改變

為什麼許多人會都認為改變之後情況會惡化，而不是變好呢？當然，改變具有相當程度的不確定性，因為你永遠不會知道下一秒會有什麼驚喜在等著你。不過除了舊有習慣外，我們能失去的其實有限。如果你決定另謀機會，想想看自己能帶走什麼，例如：在業界建立的聲譽、多年來累積的知識和人脈……這一切在你轉職時很有助益！換工作當然有好有壞，放棄目前（或多或少穩定）的工作，確實需要深思熟慮。這決定只有你自己可以承擔，但能讓它變得容易一些，前提是你必須先起心動念。

腦海裡的小劇場不會有任何結果，所以你不妨大膽思考該如何改善目前的情況，或是換了公司後能做哪些你現在不能做的事。雖然不容易，但請先只從正面思考。若你朝另一個方向想，有可能會做惡夢！

你腦中可能閃過後面這些想法，以致不安感油然而生，最終仍踩下煞車：

- 誰知道換了工作以後會怎樣？或許比這裡還糟糕……

- 我都這把年紀了，不會想再換工作了，就業市場也沒我的機會。
- 我不能這樣對待同事！他們很信賴我。
- 嗯，我再等幾個月看看，或許到時就好了，再看看……
- 舒適感、滿意度？這是在向阿拉丁神燈許願嗎？我得賺錢，否則活不下去啊！

原則上你應該先問自己，希不希望改變目前的情況。我非常相信你具有潛能——即使你自己可能並未發現。

老實說，別人不會在意你的工作和生活是否達到平衡，也不在意你是否滿意自己的工作，這些事只有你本身最清楚！現在的員工大多有工作量過大的情形，因為企業進行人事精簡，工作量卻不變，能分配的人變少，壓力相對就變大了。我認識很多同事，看到他們因壓力而失控嘶吼的模樣，實在慘不忍睹。但若是多年來必須和難搞的鬥牛舞型老闆共事，一點喘息的時間也沒有，會變成這副模樣也不意外。

有些同事則用諷刺言語做為自己的防護罩，你有這種同事嗎？他們用平靜的語調、弦外之音的語句，負面地評價一切，嘴裡只有中傷和酸言酸語，長期下來誰也受不了！請思考以下問題，它們能帶你走向解脫之路：

- 這條職場大道，你走對了嗎？
- 你在這份工作中被大材小用了嗎？
- 你能在目前的環境中大鳴大放嗎？還是只能看著別人飛黃騰達？
- 你老闆是你願意共度職場生活的正確「夥伴」嗎？
- 你真的想一直這麼忙碌地工作嗎？
- 你最終能原諒自己的錯誤嗎？
- 你還想責怪自己多少次？
- 你還想置身在這爾虞我詐的職場裡多久？
- 你還想被貶低多久？
- 你還想被壓榨多久？

我能理解你想當個好人，為這世界盡點心力，做有意義的工作。你每天早上醒來的目的為何？你堅持哪些價值？你真正在意的是什麼？不是每個人都必須懷抱拯救世界的雄心壯志。若能知道自己生命有著重要使命，那種感覺真好，當我們的工作沒有意義，無法體現個人價值時，我們會生病、感到挫折或麻木不仁。

29 保持彈性，才能好好放手

保持彈性不是那麼容易的事，人類是慣性動物，基本上不那麼喜歡彈性。當我們能舒服地坐著時，就不喜歡站起來了，即使情況不那麼舒適，人們也寧可先窩著數個月，甚至數年之久。雖然我這麼說，也不代表我就是個行動派、即說即行的人。

我認為你最好先看看目前工作有無改善的可能。如何改變才能讓你更滿意呢？現在先別斬釘截鐵地說：「不行，我不做了！」我實在不建議這麼做，因為有時轉個念，事情就迎刃而解。不妨先換個角度想一想，來個顛倒練習。

做法是先在紙上寫下你必須做的事，才能讓一切現況（注意這裡！）保持不變。請至少寫下五項，最好十項。例如：

- 不和老闆說話。
- 不要有其他的期待。

- 讓同事繼續搬弄是非。
- 不寫應徵履歷。
- 不改變我的工作時間。

現在再拿另一張紙，將你剛剛寫的事項全部顛倒寫，以前述為例就是：

- 和老闆說話。
- 有所期待。
- 和同事談談為什麼要搬弄是非。
- 寫應徵履歷。
- 改變我的工作時間。

這些就變成了你嶄新的待辦事項，而它就是能夠讓你快速離開自憐沙發的必做事項清單。

保持彈性常與「放手」或「改變」息息相關。我們在職場要放手的對象是什麼？

可能一種感覺、一個人或是一種情況。共舞時，誰必須放手？當一個人放手時，另一個人應該接手負責引導。幸好總有些人或事會接住我們——像是地板！真好。

言歸正傳，我所謂的「接手」基本上更多是一種感覺。那是一種信任感，讓你知道不會有落入無底的深淵！也就是說，你必須信任你老闆會接手，而且這是一種過程！有具體的順序，每個順序以分析和組織化的方式執行。我們甚至可以將它比擬成一個計畫，想一想，某個計畫如果放了手，會怎麼樣？我很喜歡用小冊子或小檔案記錄每個改變的過程，裡面所記載的一切都能幫助人激盪出新想法。你可以隨時翻看這些記錄，得出更明確的結果。你也可以重新排列，組合成各種不同的版本。

此外，當你在改變過程中感到不確定、感到徬徨時，還可以隨時查閱。這樣就能更快速、輕鬆地擺脫特定的人、事、物。

放手也與解除壓力有關，例如：你覺得很困難但必須下的決定。一旦你下了決定，總會有你不樂見的後果產生，而你又得接受這些後果。你必須再次習慣於既有情況，進而學會享受其中！

放手可能自然發生，但也可能被迫發生。無論是哪種情況，這都不是容易的事。如果你能先掌握到新的工作再放手，也就是先架好安全網，那就最好不過了。以下七個問題可以讓你放手的過程更順利：

1. 你想放掉什麼？
2. 如何放手？
3. 何時放手？
4. 為什麼要放手？
5. 放手的優缺點？
6. 不放手的優缺點？
7. 放手後，誰或什麼會來接住你？

問自己，如果放手，最糟的情況是什麼？請列出一張清單。這只是一個腦力激盪遊戲，不必承擔任何後果，因此想想又何妨！

另外，如果老闆突然對權力「放手」，那又會怎麼樣？你曾想過這個問題嗎？若你老闆願意讓你自由並自決工作，給你更多活動空間，你會怎麼做？即使你對自由的感覺一時感到陌生，應該也能快速地改變思考方式，接手引導。這就像跳舞時，大多數人都能直覺、快速地因應情況。別擔心，只要你盡力，不濫用自己剛獲得的權力，公司不會因此破產，部門也不會爆炸，老闆更不會因為一點小事就把你掃地出門。你很快就會適應新的情況，畢竟你很有彈性。

不過，老闆對你放手又有什麼好處？他自己能意識到嗎？不妨讓老闆知道放手對他的好處，不必事必躬親，偶爾放開手中的韁繩應該很不賴。你應該讓老闆知道，他可以信賴你。

練習放手的五方法

如果你將「我必須放手」這句話改成「我要放手」，或許會更容易一些。不信可以試試！當你改變想法，就能改變感受，一旦感受不同，行為自然也會隨之改變。不用怕，多多練習就會了。或許一開始會不習慣，但一段時間後就能駕輕就熟。這與任何改變一樣，你必須練習、練習、再練習。不妨複習一下第四章提到的第八個舞步。

請依照以下方法練習：

- **尋求支持**：與能對你有所幫助的人談談，請避免找目光所及之處總黯淡無光的悲觀主義者。
- **進行整理**：計算損益結果，思考放手能得到什麼？失去什麼？或反過來想：不放手會失去什麼？得到什麼？然後為每項進行評分（〇至一〇分），通常會產生十分有趣的結果（這也是幫助我下決定最有效的方法）。
- **面對恐懼**：思考改變的過程中形成的擔心和恐懼，仔細處理這些煩惱，並為每個問題找出解決方法。唯有如此，它們才不會繼續困擾你。順帶一提，不是每個擔心都有原因，我們的思緒偶爾也會莫名冒出不理性的小劇場。
- **允許嘗試**：唯有勇敢地走新路，你才會知道自己是否走對了。可以事先規劃，等時間一到就勇敢出發！專注在新奇、刺激和未知的未來上！
- **借助專業**：我非常建議各位借助專業的力量，我不僅獲得深入的治療和指導，同時也獲得豐富的生活經驗。那是世上除了父母外最好的導師！你可以根據自己的喜好，選擇適當的協助。

30 一曲終最重要的兩件事：感謝與原諒

若你很確定自己想轉換跑道，那就去做吧！但在離開這個舞台之前，還有一些事情要完成。你必須牢記，改變與期望、責任及承諾緊密結合，這些神奇語句具有強大的作用。即使你已準備好要改變、放手，總會面臨來自外在的壓力、他人的期望。你可能會失去聲譽或他人的信賴；或許你會傷害到與你有革命情感的同事或老闆。

但我得說，無論你的選擇為何，都勝過無所作為的妥協。如果你做了詳細的分析，決定開始執行「放手程序」，請做好事前準備，並避免衝動行事，只要一步一步去做，就像跳舞一樣。與老闆對談，找出解決方案，或許還要為對你失望的同事、老闆尋找替代方案。總之按部就班進行一切，是對所有人最好的安排。在道別之前，這支舞也要一起跳到曲終為止，最好的情況是能合拍地跳完最後這一支舞。

感謝一切的美好

不管你過去發生或經歷了什麼事，總有美好的回憶。在這段時間你學習到什麼？新的舞步？新的視野？對特定議題的看法有了改變？這些收穫正是你應該向舞伴道謝的理由。雖然你不一定要當面道謝，但我覺得這麼做非常貼心。我們平時太少表達謝意，也吝於讚美。其實不論是私人或職場生活，都有很多值得我們道謝的事。

關於這點，我們也能運用正向心理學，讓自己專注在正面和美好的事物上。如果你的要求和期待太高，通常難以看見發生在你身上的美好小事，自然也不懂得珍惜它們。感謝這一路上你所累積的經驗，感謝你曾締造的成功，感謝你曾擁有的職務。對它們心懷感謝和珍惜！

原諒傷害你的人，讓身心自由

你曾在工作中感到挫折或徬徨嗎？你曾和同事起衝突嗎？原諒他們，從此一筆勾銷。如果你對某些事餘怒未消，仍難以原諒，至少讓那些你想拋在腦後的事就此平息，最重要的是，讓你的心平靜下來。拋開這些陳年的包袱，你將重獲自由；停止抱怨，你能更輕盈地在新舞池上穿梭。鼓勵自己走向和平，一旦決定，就出發吧！當你經過道別，真正放手了，我會衷心祝福你！

現在你已經嘗試了，也道別了，接下來是頒獎典禮！你贏得了什麼？更多自由？更多的生活喜悅？更高的工作品質？現在你可以大口深呼吸，盡情享受你剛贏得的自由和生活喜悅！即使你還得稍稍適應新情況，但請高舉手中的香檳酒杯！

終幕 保護自己，別受引誘

如果你遇到一個老闆，他兩眼閃閃發亮、嘴唇濕潤、身體顫動，離他遠一點，他有流感！

這是跳舞

兩人共舞時當然會很靠近，你會觸摸到對方、感覺到對方的身體。在迷人的音樂與柔和的燈光下，兩人的身體隨著節奏律動，部分舞步散發誘人氣息，引人遐想。若你不是自由之身，請在界線內享受共舞的快樂，如果你是，那盡情跳舞也沒關係。

這是工作

工作是工作，生活是生活。但在工作時，人與人之間的距離很近，有時甚至還太近。雖說緊密的合作能提高工作動力，但也不是要你們擁抱在一起！有些部門和公司的職場文化讓人不禁聯想到小學生的行為。誰喜歡誰？誰跟誰一起？誰最酷、最美或最好？不時有人在走廊上或餐廳裡竊竊私語。午休之後大家又閃回教室……喔不，是辦公室。當個人議題逐漸變成工作焦點，不僅常讓員工無心於工作，甚至可能會傷害到其他人。

老闆擁有權力，也因此承擔更大的責任，他們應該以身作則。如果他們無法展現普世價值，便會失去員工的敬重。我有位客戶經常受到她老闆的糾纏，他想邀她出去吃飯，並威脅她如果敢拒絕，以後很難在公司裡獲得升遷機會，這顯然是老闆濫用職權逼下屬就範的實例，絕對是職場禁忌。然而，這種情況比你的想像更常見，而且是雙向的。有男性引誘女性，也有意圖染指男性的女性。無論誰是主導方、誰是被引誘方，各種組合都有可能。

但最後被引誘方大多是受害者或輸家，老實說——一如既往——這些人也大多是女性。然而，職場上並不容許這些事的存在，因為這不符合專業的要求。各位不要為了能被接受，就向這種事妥協。

不過該如何處理這種事呢？一開始可能會因為受到老闆的認可和注意而感到高

興，但當事情變得一發不可收拾，或是失去老闆的撐腰，那一刻換來的可能就是失業或降職。

最好不要讓事情走到這個地步，建議一開始就遏止老闆的浪漫進攻或性誘惑，明確地告訴對方，你對此不感興趣，並且態度要一致。當老闆太靠近時直接告訴他，並請他與你保持更大的距離。相信我，這件事說比做容易。

你也可以防範於未然。與可靠的人討論，詢求他們的建議，討論遇到這種事該如何反應的可能性，並事先在家裡練習，如此真正遇到時才能派上用場。重點是必須立即行動！如果這些方法都無濟於事，請求助於職工委員會或可靠的人。

我們面對這種事不能自我欺騙：一旦情況一發不可收拾，結果只有兩種可能：要麼你得提出證明老闆不當行為的確切證據，讓老闆的工作不保；要麼你必須捲鋪蓋走人。但我想你對這種工作環境，應該也不會有太多的眷戀。

致謝

我最珍貴的職場經驗是，雖有那麼多「神聖的晴天霹靂」，依舊能看到希望和機會。最重要的是，總有人相信你、鼓勵你。因此，我衷心感謝所有讓我不自暴自棄的人，你們是我成功的最大動力！

感謝我親愛的家人，他們一直支持我、愛我，我也無條件地愛著他們。感謝多年來與我互相扶持的閨密們，你們一直是我最重要的盟友。感謝我的良師益友莎賓娜·阿斯戈多姆，妳讓我從妳身上學到的一切與妳對我的信任。感謝美國搖滾歌手布魯斯·史普林斯汀，他給了我嶄新的力量，後來甚至在四萬名觀眾中看見我，他的堅強和歌曲確確實實地拯救我的生命。對我而言，能與您共舞何等神聖！感謝我的編輯斯蒂芬妮·沃爾特（Stephanie Walter），當我再次笨拙地出現在（另一個）舞台上時，她發現了我的作家天分。她讓我對寫作又愛又恨，奇妙的滋味令我從此樂此不疲。

感謝我的團隊：烏菈·卡拉尼烏斯·波依尼克（Ulla Calamnius Beunink）、卡洛拉·愛樂斯（Carola Ehlers）、馬丁·庫德爾（Martin Keudel）、莎賓娜·塞格（Sabine Sellge）、烏特·沃斯（Ute Voß），他們不厭其煩地給了我許多專業的協助，此外還有Werdewelt公司的班·舒爾茨（Ben Schulz）。我還要感謝一位永遠在我心中的親愛朋友，他在我還沉淪時就看到我的潛能。特別感謝多年來在職場中不曾找過我麻煩的所有同事，讓我得以順利地發展。感謝好友兼攝影師莉依安娜·朵默幕特（Liane Dommermuth）在音樂會時與我同行。

感謝埃爾克·布倫納（Elke Brunner）的協助，還有漢堡附近弗里達舞蹈學校和其整個星期五舞蹈團，以及本書提及的所有專家們。我也要感謝德國演講者協會（GSA），讓我學習和嘗試所有一切。在此特別提及噶比·葛勞皮納（Gaby S. Graupner）、馬庫斯·荷夫曼（Markus Hofmann）和洛薩·賽維特（Lothar Seiwert）教授等人。感謝雅斯戈東教練學院，我在那學習並認識許多人。

但我要特別感謝購買本書的親愛讀者，如果本書能為各位注入一點動力，我將感到無比快樂，我一切的付出和努力就值得了。這是我熱愛的工作，衷心希望能幫到你！倘若有遺漏了任何人，請原諒我，我仍不斷地在犯錯。感謝協助我的所有人！

想了解書中沒提到的更多詳情，請上網：www.monicadeters.de/downloads。

翻轉學 翻轉學系列 007

跟任何主管都能共事

嚴守職場分際，寵辱不驚，掌握八大通則與主管「合作」，為自己的目標工作

Dance with the boss–wie Mitarbeiter ihre Chefs taktvoll führen

作　　者　莫妮卡．戴特斯（Monica Deters）
譯　　者　張淑惠
總 編 輯　何玉美
主　　編　林俊安
美術設計　張天薪
內頁排版　洸譜創意設計股份有限公司

出版發行　采實文化事業股份有限公司
行銷企劃　陳佩宜．黃于庭．馮羿勳
業務發行　盧金城．張世明．林踏欣．林坤蓉．王貞玉
國際版權　王俐雯．林冠妤
印務採購　曾玉霞
會計行政　王雅蕙．李韶婉
法律顧問　第一國際法律事務所　余淑杏律師
電子信箱　acme@acmebook.com.tw
采實官網　www.acmebook.com.tw
采實臉書　www.facebook.com/acmebook01

I S B N　978-957-8950-88-7
定　　價　320 元
初版一刷　2019 年 2 月
劃撥帳號　50148859
劃撥戶名　采實文化事業股份有限公司
104 台北市中山區建國北路二段 92 號 9 樓
電話：(02)2518-5198　傳真：(02)2518-2098

國家圖書館出版品預行編目資料

跟任何主管都能共事：嚴守職場分際，寵辱不驚，掌握八大通則與主管「合作」，為自己的目標工作 / 莫妮卡 . 戴特斯 (Monica Deters) 著 ; 張淑惠譯 . -- 初版 . – 台北市 : 采實文化 , 2019.02
288 面 ; 14.8x21 公分
譯自 : Dance with the boss : wie mitarbeiter ihre chefs taktvoll führen
ISBN 978-957-8950-88-7（平裝）
1. 職場成功法　2. 人際關係
494.35　　107023258

采實出版集團
ACME PUBLISHING GROUP

翻轉學

翻轉學

翻轉學

翻轉學